中国传统生态文化丛书

韩愈生态伦理简论
物我相谐

张圆圆 / 著

深圳报业集团出版社

SPM 南方出版传媒·广东人民出版社
·广州·

图书在版编目（CIP）数据

物我相谐：韩愈生态伦理简论 ／ 张圆圆著 . — 广州：广东
人民出版社，2020.1

ISBN 978-7-218-14125-1

Ⅰ . ①物… Ⅱ . ①张… Ⅲ . ①韩愈（768-824）－生
态伦理学－思想评论 Ⅳ . ① B82-058

中国版本图书馆 CIP 数据核字 (2019) 第 285321 号

WUWOXIANGXIE: HAN YU SHENGTAI LUNLI JIANLUN

物我相谐：韩愈生态伦理简论

张圆圆 著

出 版 人：肖风华

责任编辑：马妮璐 刘 宇
责任技编：周 杰 周星奎
装帧设计：安 宁

出版发行：广东人民出版社
地 址：广州市海珠区新港西路 204 号 2 号楼（邮政编码：510300）
电 话：（020）85716809（总编室）
传 真：（020）85716872
网 址：http：∥www.gdpph.com
印 刷：广东鹏腾宇文化创新有限公司
开 本：880mm×1230mm 1/32
印 张：7 字 数：109 千
版 次：2020 年 1 月第 1 版
印 次：2020 年 1 月第 1 次印刷
定 价：35.00 元

如发现印装质量问题，影响阅读，请与出版社（020－85716849）联系调换。
售书热线：（020）85716826

《中国传统生态文化丛书》编委名单

丛书编委会名单

主　　编：孙关龙　宋正海　乔清举

编　　委：（排名按姓氏笔画）

马晓彤　马淑然　王守春　毛世屏　孔令军

史原朋　乐爱国　许亚非　孙惠军　李赓扬

余群英　张伟兵　张耀南　陈红兵　周光华

赵　敏　郭洪义　秦　海　夏　冰　徐仪明

徐道一　商宏宽　喻佑斌　彭春红

总 策 划：李　瑛　肖凤华　胡洪侠

策 划 人：梁文贯　杨振豪　郭玉春　梁振业　马锡裕

郑俊琰　许　楠

执行策划：深圳市阳光文化传播有限公司

总　序

经过五年多的努力，中国和世界第一套研究中华传统生态文化的丛书终于问世了。

近三百年来，工业文明造就了大量的物质财富，极大地推动了人类社会的发展。同时，爆发了全球性的三大生态危机——物种加速灭绝、资源全面短缺、环境严重恶化。这些危机严重危害人类的生存和社会的进展。工业化后发的中国则更受其害，事实教训我们，走西方工业文明的老路是行不通的，必须走新路。

生态兴，则文明兴；生态衰，则文明衰。曾经辉煌的古埃及文明、古巴比伦文明，因其生态环境的恶化，尤其是土地的大量荒漠化，而败落、中断。中国由于自古强调对自然的尊重，拥有"天人合一""道法自然"等一系列人与自然的和谐思想；拥有至少三千年以上的生态环境保护制度——虞衡制度；拥有传统生态农业、传统生态建筑、传统生态水利、传统生态医学等一系列生态科学技术；拥有传统生态文学——山水诗、田园诗等，传统生态美术——山水画、花鸟画等，以及生态性传统哲学理念、传统思维方式等，保证了中华传统文化的连绵不断，即便是王朝的更迭、异族政权的建立都没能使其中断。走生态文明之路，这是中国五千年历史实践和经验指明的道路，这是中华民族的复兴之路，这是具有中国特色的工业化、现代化之路。

然而，广博深邃的五千年中华传统生态智慧长期不被重视。近二三十年，情况发生了根本性的变化，尽管研究中华传统生态文化的论文、著作不断涌现，但至今仍缺乏全面、系统、深入的研究。为此，我们于2014年在编撰《自然国学丛书》的过程中萌发了编撰《中华传统生态文化丛书》的想法。

这是一套全面、系统且较为深入地阐明中华传统生态智慧的学术性研究丛书。在学术上，它有开拓性、前沿性；在实践上，它为我国和世界生态文明建设提供大量可借鉴的理论、知识和技术；在文字上，它力求易读易懂，具有普及性。

本丛书包括三个系列：一是通论系列，研究中华传统文化及其各个方面的生态理念，包括"中华传统文化本质上是生态文化""中国传统生态农业"等；二是诸子系列，研究历史上各个传统学派及其代表人物的生态学说和主张，包括"儒家生态观""道家生态观""苏轼生态观""戴震生态观"等；三是经书系列，研究各种经典古籍中的生态知识和思想，包括"《周易》中的生态知识和思想""《国语》中的生态知识和思想"等，充分体现了中华传统生态文化的广度、深度和系统性。

本丛书的读者主要是国内外中华传统文化的研究者、爱好者，大专院校的师生，政府各级公务人员，各种环保工作人员

以及企事业管理人员等。亦可供政府部门在全社会普及生态

文化理念，进行生态文明建设之用。

孙关龙　宋正海　乔清举

2019 年 11 月

前　言

　　韩愈是唐中期的儒家代表人物之一。唐代是中国历史上的强盛时期之一，其大国姿态在思想文化方面表现为开放的态度，这为三教鼎立提供了条件。虽然在社会实践层面三教并行不悖，但三教之间的较量从未停息。韩愈以复兴儒学为己任，公开排斥佛教和道教，并构建一个由尧、舜、禹到汤、文、武、周公再到孔子、孟子圣圣相传的儒家道统。

　　儒家哲学是一种实践型的哲学，它面向的是一个个具体的社会问题，与逻辑性相比它更重视实用性。韩愈的生态观就是在继承儒家先圣思想的基础上做出的新阐释。其哲学基础是儒家的天人合一观。

　　唐代的天人合一是以天人感应的形式呈现的，其中又有自然元气论的成分。天人感应观是唐代社会的主流认识，是三教共同采用的一种推行的教化形式。与佛教和道教相比，儒家所谓的天人感应更具自然化的色彩。

儒家的天人感应思想是建立在阴阳五行的宇宙体系基础之上的，具有一定的科学基础，是对自然宇宙体系的反映。韩愈的"元气阴阳坏而人生"的生态观就是在继承汉代天人感应的基础上对天人关系做出的说明，既从本原上说明了天人一体，也对现象层面的天人矛盾做了解释。

韩愈同时还保留了浓厚的天命观念，他以天来警示人的德性，在实践层面带有宗教性，而其思想内核则是对儒家仁爱的发展。从德性论的角度看，韩愈以博爱释仁，将人类的行为置于天地系统中，并将天地的变化作为衡量人类行为的标准。在此，人类的德性是以天地为参照系的，天地万物都被划进了人类道德关怀的范围内。

在继承儒家道德主体性论传统的基础上，韩愈提出了"病乎在己"的修养功夫思想，认为仁义是内在于人的，是否行仁义完全取决于人自身的选择，由此，社会实践层面带有宗教性的戒律转化为人内在的道德自律。韩愈推崇的圣人就是能自觉做到对待万物"一视而同仁"的人。这种道德境界也是人与万物和谐共生的状态。

　　韩愈的生态观是多层面的，既有实践层面的宗教性，又有理论层面的天人建构；既有面向社会的道德呼吁，又有个人生活的陶冶情操。韩愈的生态观是中唐儒家生态观的一个代表，展现了儒家学说从天命说到性命说过渡阶段中命与性之间的张力。人与万物的关系既依靠人自身的道德自律，又离不开外在天命的约束。与同时代还原天命观的儒家代表柳宗元、刘禹锡的生态观相比，韩愈的生态观带有"畏天命"的特点。

　　之后发展起来的宋明理学摆脱了天人感应式的天命束缚，完成了天命之性的内化，构建了天人合一的生态本体论。

| 目 | 录 |

第一章 韩愈及其生态观研究现状   *1*

第一节 韩愈生平简介   *3*

第二节 生态观与天人观   *11*

第三节 韩愈生态观的研究现状   *16*

第二章 韩愈生态观的哲学基础   *25*

第一节 天人合德观   *28*

第二节 天人感应论   *34*

第三节 中唐时期的"天人之辨"   *46*

第三章　韩愈生态观的建构　101

第一节　"元气阴阳坏而人生"的生态整体论　103

第二节　"博爱之谓仁"的生态德性论　121

第三节　"一视而同仁"的生态境界论　134

第四节　"病乎在己"的生态功夫论　140

第四章　韩愈与柳宗元、刘禹锡生态观的对比　147

第一节　柳宗元的"天人不相预"的生态观　149

第二节　刘禹锡的"天人交相胜"的生态观　157

第三节　韩愈的"畏天命"的生态观　165

第五章　韩愈生态观的历史地位以及现实意义　183

第一节　韩愈生态观的历史地位　185

第二节　韩愈生态观的现实意义　190

结　语　197

参考文献　199

第一章

韩愈及其生态观研究现状

　　韩愈是唐代屈指可数的儒家代表之一，其生态观可视为唐代儒家生态观的一个典型。目前学界对他的生态观尚未做出系统的研究，本书是一个创新。

第一节　韩愈生平简介

韩愈（768—824），字退之，世称"韩昌黎""昌黎先生"，孟州河阳（今河南孟州市）人。他一生经历了唐代宗、唐德宗、唐顺宗、唐宪宗、唐穆宗，是中唐时期的文学家、思想家、政治家，是尊儒而排斥佛、老的儒家代表；晚年任吏部侍郎，又称"韩吏部"；谥号"文"，被尊称为"韩文公"，著作被编为《韩昌黎集》。

重视学习可谓儒家的"一贯之道"，作为儒家创始人的孔子即是伟大的教育家。儒家所谓的学习，核心在于如何做人。无论是孔子的"古之学者为己，今之学者为人"（《论语·宪问》），还是孟子的"穷则独善其身，达则兼善天下"（《孟子·尽心上》），都表明了原始儒家的价值取向在于提升自我、服务社会。这也成为后世儒者的向导。韩愈在谈及自己的学习经历时说道:"仆始年十六七时,未知人事,读圣人之书,以为人之仕者,皆为人耳,非有利乎己也。"①他把握住了儒家利他的价值取向。胸怀济世志向的韩愈在初到京城的几年中"衣食不足"②,"日求于人,以度日月"③。当时生活的窘境使他认识到"仕之不唯为人"④。因此,韩愈在自己的志向中增加了生活保障层面,他指出:"仆之汲汲于进者,其小得,盖欲以具裘葛,养穷孤;其大得,盖欲以同吾之所乐于人耳。"⑤在此,韩氏说明了自己求学为官的低层次目的就是吃饱穿暖,养家糊口。这虽与常人为谋生而奔波没什么不同,但是韩愈并没有停留在谋生层面,他没有把升官发财作为更高的追求。他所谓的更高追求,就是使其他人能够与他一样享受到优裕的生

① [唐]韩愈著,马其昶校注,马茂元整理:《韩昌黎文集校注》,上海:上海古籍出版社,2014年,第186页。
② [唐]韩愈著,马其昶校注,马茂元整理:《韩昌黎文集校注》,上海:上海古籍出版社,2014年,第186页。
③ [唐]韩愈著,马其昶校注,马茂元整理:《韩昌黎文集校注》,上海:上海古籍出版社,2014年,第199页。
④ [唐]韩愈著,马其昶校注,马茂元整理:《韩昌黎文集校注》,上海:上海古籍出版社,2014年,第186页。
⑤ [唐]韩愈著,马其昶校注,马茂元整理:《韩昌黎文集校注》,上海:上海古籍出版社,2014年,第187页。

活。这个追求是在他亲身挨过饿、受过冻，真正感受到普通人生存艰辛的情况下提出的，因此它是朴实而接地气的。困窘的生活，不仅使韩愈担忧家人，还使他同情万千如他甚至不如他的家庭。这种"与民同乐"的责任担当，正是儒家价值观的体现。此外，对"生存"的深刻理解，不仅加深了韩愈对百姓疾苦的同情，也使他真实地体悟到了"生"对万物的意义。在《苦寒》中，韩愈不仅仅关注人自身的感受，还怜悯饱受严寒摧残的其他生物。可以说，韩愈以自身对"生"的体悟，深刻地诠释了儒家的济世之道。他所谓的"生"，是基于自身生存体验之上而产生的对他人乃至万物之"生"的认同感。在此，儒家的济世之道就是韩愈所说的"相生养"之道，它虽起于对人类自身生存的认识，但它所要涵盖的则是对万物共生的关照。

儒家提倡"学而优则仕"，这也是知识分子施展才华、实现自我价值的一种路径。韩愈的父亲和兄长都是地方官员，然而不幸的是，他们在韩愈幼年和少年时期相继去世。韩愈取"愈"之超越之意激励自己超越父辈。他在十九岁时踏上求仕之路，当时他"壮气起胸中"，对未来充满自信。他有一首《芍药歌》：“丈人庭中开好花，更无凡木争春华。翠茎红蕊天力与，此恩不属黄钟家。温馨熟美鲜香起，似笑无言习君子。霜刀翦汝天女劳，何事低头学桃李。娇痴婢子无灵性，竟挽春衫来此并。欲将双颊一晒红，绿窗磨遍青铜镜。一尊春酒甘若饴，丈人此乐无人知。花前醉倒歌者谁，楚狂小子韩退之。”①诗中以艳丽夺目的色彩、沁人心脾的浓香、“天力”“天女”的精巧，展现了意气风发的少年对多彩世界的感悟。这其中的张扬与活力既是对花的生命力的捕捉，也是对正当少年的韩愈自身充沛生命力的写照。然而，好学、有志向、有才华、有气节、有自信的韩愈不仅没有一步登科，还连受挫败。他的出仕之路甚为坎坷。韩氏曾说明因“有司者好恶出于其心”而“四举而后有成”②。他花费六年时间参加了四次科举考试才考中进士。尽管如此，二十五岁能考中进士的他已是幸运儿。然而，要出仕他还要通过吏部举行的“博学宏辞”，为应对这样的考试他作了一些“类于俳优者之辞”的文章，这使得韩氏“颜忸怩而心不宁

---

① ［清］方世举撰，郝润华、丁俊丽整理：《韩昌黎诗集编年笺注》，北京：中华书局，2012年，第1页。
② ［唐］韩愈著，马其昶校注，马茂元整理：《韩昌黎文集校注》，上海：上海古籍出版社，2014年，第186页。

者数月"①。在又经历了两次连续失败后，二十八岁的韩愈三次上书宰相，表明自己的志向与抱负，然而均未得到回应。这样继六年科考之后，他又用了八年时间参加了四次吏部考试才过关。在十四年的不断挫败中，韩氏真实地认识到了现实与理想的差距。在他回顾二十年的求仕历程时曾说道："动遭谗谤，进寸退尺，卒无所成"②。尽管如此，韩氏真正在朝为官时仍然坚守了大无畏的精神。

韩愈直到三十四岁才入京师做了国子监四门博士。三十六岁晋升为监察御史。对于"四十而仕"的一般情况，韩愈也算是成功者了。同年，为了灾区百姓的生存，针对当时京兆府尹李实上报的丰收乐业的虚假业绩，韩愈敢于揭露真相，在上奏的《御史台上论天旱人饥状》中，如实描述了"弃子逐妻以求口食，拆屋伐树以纳税钱，寒馁道途，毙踣沟壑"③的惨状，并请求暂缓征税。然而受此事影响，韩愈被贬阳山，在阳山任职

---

① ［唐］韩愈著，马其昶校注，马茂元整理：《韩昌黎文集校注》，上海：上海古籍出版社，2014年，第186页。

② ［唐］韩愈著，马其昶校注，马茂元整理：《韩昌黎文集校注》，上海：上海古籍出版社，2014年，第160页。

③ ［唐］韩愈著，马其昶校注，马茂元整理：《韩昌黎文集校注》，上海：上海古籍出版社，2014年，第655页。

三年。经历了起起伏伏，因平定淮西乱，而晋授刑部侍郎的韩氏又因《论佛骨表》触怒了龙颜。此时五十二岁的韩愈从刑部侍郎贬谪至潮州。

阳山和潮州的两次贬谪经历见证了韩氏对儒家济世情怀的坚守。在此期间，他不仅创作了反映地方特色的诗文，而且还有对儒家学说的深刻思考。其中《原道》《原人》《原性》对儒家的人道、人性做了进一步发挥。《答陈生书》论述了天、自身、仁义之间的关系，韩愈得出"病乎在己"的结论。《争臣论》则表明了君子应"悯其时之不平""兼济天下""死而后已"的信念。韩愈是一位刚正不阿的官员，是一名坚守信仰的儒者。从这个角度看，韩氏关注更多的是人及其生存问题。他将儒家之道阐释为"相生养之道"，从人类发展史的角度说明了人与自然以及人与人之间关系的转变，突出了对人类能力、智慧和德性的赞扬。在生存这一前提下，圣人"一视而同仁"的自然观仍不免带有功利的色彩。但这里的功利性不是个人的私利，而恰恰是儒家济世担当的一个表现，他们站在大众的角度理解和同情大众生活的疾苦。他们赞扬那些引导民众改造自然环境以创造生存条件的圣人。而站在个人的立场上，"一视而同仁"是圣人的原则，也是儒者应遵循的规则，这不是约束民众的教条，而是儒者自我约束的规范。韩愈赞扬引导民众改造自然的先圣，同时他也说明了在重视"生生"之德的儒家先圣那里，他们对待凶残、丑陋的动物也是以驱赶为主，并非赶尽杀绝。韩愈的《鳄鱼文》生动地再现了儒家驱赶凶兽、教化民众的方式。为了达到教化的目的，韩愈时常以天人感应、人物互感等内容劝人从善。因此可以看到韩愈对一些动物的仁爱，一方面是出于对儒家仁爱原则的贯彻，另一方面则是出于对动物自身神秘性的敬畏。

在儒家人道的规范下，韩氏与自然物之间的交流是单向的，其突出的是人对于自然物的仁爱。而作为诗人的韩愈则有与自然物之间的双向交流。事实上，韩愈最初是以"古文运动"的倡导者、"唐宋八大家"之首的身份而广为人知的。这种身份下的韩愈是思辨、细腻而又感性的。在他描写季节、植物、山水的诗中，自然物不再被视为生存资源或神秘物，而是生命体，人既不必以高高在上的姿态去关心它们，也不必以盲目崇拜的心理去畏惧它们，人与自然之间是生命体与生命体之间的交流。如在《南山诗》中，他描写了四季变换中的多彩南山，发出了对自然造物的赞叹。

总之，韩愈不仅阅历丰富而且还有多层身份，不同阶段、不同角色中的他对于自然的认识和态度是不同的。以往学者们大多关注其道论、人性论、斥佛、诗论、文论等方面，而对其生态观并未设为主题加以系统论述。

第二节　生态观与天人观

　　乔清举先生在《当代中国哲学史学史》中提到，天人关系在 20 世纪 90 年代成为学界讨论热点的一个路径，就是对国内外环境问题做出回应。反过来说，中国哲学界应对环境问题的一个切入点就是中国哲学中的天人关系论。尽管在学界围绕天人关系是否直接或完全对应人与自然关系这一问题一直存在争论，但可以肯定的是，中国古代哲学中的天人关系论包含对人与自然的讨论。乔清举先生在《天人合一论的生态哲学进路》一文中从生态哲学视角对中国古代哲学中的天人合一论做了多层面诠释。他指出天人合一论至少包含六个层面的含义：一是天人一气的物理含义；二是人"因天"的价值论含义；三是天人一性的本体论含义；四是人"则天"的功夫论含义；五是人"与天地参"的境界论意义；六是天人能量转换的知识论含义①。中国古代哲学中的天人关系包含丰富的含义，这在学界已达成共识，而对人与自然的复杂关系却未深入探讨，这是上述争论的原因之一。诚如乔先生诠释的那样，天人关系的丰富含义是可以与人与自然建立联系的。实际上，环境问题的根源之一就是自然的资源化以及人与自然关系的单一化。从这个意义上说，中国哲学的天人关系对于恢复人与自然的丰富含义有重要意义。

就儒家天人关系命题而言，包括天人合德、尽性知天、明天人之分、天人一气、天人感应、天人不相预、天人交相胜、天人合一、万物一体、万物一理等。荀子指出："水火有气而无生，草木有生而无知，禽兽有知而无义，人有气、有生、有知，亦且有义，故最为天下贵也。"②在此，万物的共性与差异性都被提炼了出来。气是构成万物的物质基础，也是万物彼此联系的纽带。动植物和人都是生存主体，但只有动物和人有感

---

① 乔清举：《天人合一论的生态哲学进路》，《哲学动态》，2011年，第8期，第69—75页。
② ［清］王先谦：《荀子集解》，北京：中华书局，1988年，第164页。

知能力，人不同于动物的特殊性在于其还是道德主体。这意味着在气的层面，万物同一；在生的层面，动植物和人一类；在知的层面，动物与人无异。即在物理的和生物的意义上人与自然万物具有同一性，人是自然物之一。但这不是天人关系的全部内容，甚至不是儒家强调的内容。荀子意在突出人以义为贵的地位，这与孔子仁爱、孟子四德的宗旨一致。他们是以对比动物性来突出人的特殊性，这是对动物性的否定。先秦儒家的人性之争就在于是以动物性为人之天性，还是以否定动物性为人之性。荀子选前者谓性恶，孟子取后者称性善。尽管二者有分歧，但却是殊途同归。他们都将善作为人应然的状态。在此，价值层面的自然状态和人为或人化状态之间已有冲突。但是儒家主流思想突出的是自然之生的意义，在生的意义上人与天又达到了价值的同一。所谓的天人合德就是以天地生生为德的标准。可以说，作为价值标准的天已是经过人为取舍的天。董仲舒的天人感应论将先秦儒家物物联系的模式转变成了宇宙系统模式。在物理层面，天是由天、地、阴、阳、人、五行这"十端"构成的一个系统。董仲舒又指出，"天，仁也。天覆育万物"①。他将先秦以心为纽带的尽性知天转变成了以气为中介的"化天而得仁义"。这使得物理系统具有了价值意义。先秦生与德之间的外在比附关系，在汉代天人感应模式中变成了系统内在的联系。但是，汉代的天人感应模式不仅将宇宙万物看作有机联系的整体系统，还赋予了其意识。在有意识的系统中，自然界的变化与人事福祸、社会兴衰有密切关系，这就是所谓的灾异论。持自然气论的思想家当然不会赞成这种说法。到刘禹锡那里就演化成了"天理"与"人理"的冲突，这里的"理"指秩序，天理是自然弱肉强食的法则，人理是尊卑长幼的秩序。其所谓的天人交相胜就包含文明与野蛮的更替。柳宗元并不赞成刘禹锡对"天理"与"人理"的界定，他认为天与人"不相预"，自然之天的生植与灾荒都是外在的条件而不是决定力量，人类社会的治乱完全取决于人类自身。韩愈的"元气阴阳坏而人生"就从根源上说明了人与天的内在冲突，但在价值层面他肯定天地生生与人德的一致性。宋代儒家的"民胞物与""万物一体"则从本体论和境界论的层面超越了万物之间的冲突，揭

---

① 苏舆撰，钟哲点校：《春秋繁露义证》，北京：中华书局，1992年，第329页。

示了天人合一的真谛。

　　总之，儒家天人观虽不是专门针对人与自然的关系提出的，但其丰富的内涵包含人与自然的关系，其中既有反映人与自然联系的天人感应，又有说明人与自然不同的天人相分，还有揭示人与自然相冲突的天人相仇，更有上升到境界层面的天人合德、万物一体。韩愈的天人观正处于儒家天人观由宇宙生成论向本体论的过渡期。他对人与自然关系的认识更多地受先秦的天人合德观和汉代的天人感应论的影响。

第三节　韩愈生态观的研究现状

学界一般将儒家天人观的发展历程划分为先秦、汉代、宋明三阶段，把宋明作为其发展的顶峰，而对唐代的天人观及其生态思想并没有给予重视。

以韩愈为例，目前学界对韩愈的研究多集中于道统论和性情论方面，而对其天人观的研究较少①。目前尚未发现专门论述其生态思想的文章。而对其生态观的相关论述多散见于天人观、道论、人性论、鬼神观中。实际上，道论、人性论、鬼神观、民俗论、自然观等认识都可以由天人观贯穿，天人观是所有认

---

① 在目前通用的各类中国哲学史、学术史、思想史类著作中，有关韩愈天人观的专门论述几乎没有，而相关论述也仅散见于论述柳宗元和刘禹锡天人观的篇章中，且所引文献也仅为柳宗元的《天说》中对韩愈天人观的转述。据知网的统计，近15年有关韩愈研究的硕博论文近90篇，而无一篇专门论述其天人观。

识的思想基础。

　　学界对于韩愈天人观的论述，大多是以背景材料的形式，出现在论述柳宗元天人观的文章中。其中，学者们大多依据柳宗元的《天说》一文，将韩愈的天人观判定为天人感应论，指出其所谓的天是有意识的人格神[①]，认为韩愈继承了传统的天命鬼神观，但根据好人未必好报的现实，他对天道报应提出了与传统认识相反的新看法[②]。在对韩愈之天进行辨析的过程中，有些学者认识到韩愈之天有多层含义，进而说明了除天人感应之外，韩愈的天人观还包含了人与自然的关系。如冯友兰先生指出，韩愈之天包含两层含义：一是元气阴阳之自然之天；二是主宰之天。自然层面的含义涉及人与自然的斗争问题[③]。有学者将韩愈之天解释为"天地万物的自然状态"，并指出，尽管他本意不在自然问题，但确实触及了人破坏生态平衡的问题[④]。也有学者提出韩愈之天带有自然色彩，与阴阳元气相关，这与

① 任继愈：《中国哲学史》（卷三），北京：人民出版社，2003年，第114页。
② 李申：《隋唐三教哲学》，成都：巴蜀书社，2007年，第271页。
③ 冯友兰：《中国哲学史新编》（中篇），北京：人民出版社，2001年，第701页。
④ 任继愈主编：《中国哲学发展史》（隋唐），北京：人民出版社，1994年，第524页。

西周初的人格神不同①，它触及了环境问题②。还有学者提出韩愈站在"天"的角度审视人类，得出了人是自然的祸害这一带有原罪意识的认识，其中反映的是人与自然相残相仇的关系③。此外，有些学者在参考《天说》以外文献的基础上认识到，韩愈之天包含三层含义：自然之天、义理之天、主宰人命运的天④，并指出，韩愈渴望天有意识，能赏罚，所以其仍是唯心主义的自然观⑤。

有学者从道论和人性论的角度探讨了韩愈的生态思想，指出《原人》篇表达了"天人一体同仁""人性普遍平等"的思想。虽然韩愈将天、地、人看作一个系统，但他又对它们进行了区别，他清楚地把握了"人与自然、人道与自然之道的关系

① 冯禹：《"天"与"人"——中国历史上的天人关系》，重庆：重庆出版社，1990年，第51页。
② 冯禹：《"天"与"人"——中国历史上的天人关系》，重庆：重庆出版社，1990年，第54页。
③ 刘真伦：《韩愈、柳宗元、刘禹锡天人关系理论的现代诠释》，《周口师范学院学报》，2005年，第1期，第16—20页。
④ 卞孝萱，张清华，阎琦：《韩愈评传》，南京：南京大学出版社，1998年，第248—250页。
⑤ 卞孝萱，张清华，阎琦：《韩愈评传》，南京：南京大学出版社，1998年，第253页。

和异同"，并明确了人道是人类存在的合理性依据①。有学者通过梳理韩愈所推崇的圣人之道，得出圣人之道在具体层面虽有不同的表现，但其背后有一个共同的价值追求，即仁道，它是万物并育不害的天地之道，也是人性之道②。也有学者指出韩愈所谓的"道"包含天、地、人，是天体、自然物和人类社会的运行规律③。还有学者指出韩愈在《原人》中将人与自然万物视为一个整体，既突出了人的主体地位，也强调了人的责任，要求人对待万物要"一视而同仁"④。

也有学者从民俗的角度考察了韩愈的天人观。有学者指出，《送穷文》是植根于民俗活动之中的。韩愈以"智、学、文、命、交"命名五鬼，给民俗打上了儒家烙印。韩愈以自嘲的方式描述的主人对穷鬼的恭敬，也与民间敬畏鬼神、祭祀鬼

① 邓小军：《理学本体——人性论的建立——韩愈人性思想研究》，《孔子研究》，1993年，第2期，第70页。
② 徐加胜：《韩愈的道统及其宗教性诠释》，北京：中国社会科学院研究生院博士学位论文，2012年，第70页。
③ 李静：《韩愈道统论研究》，长春：吉林大学硕士学位论文，2007年，第13页。
④ 赵源一：《韩愈的天命论探微》，《船山学刊》，2007年，第1期，第86页。

神的行为有关①。与此相似，有学者也指出《鳄鱼文》并非完全出于韩愈对鬼神的迷信，而是反映了民间普遍存在的神物崇拜现象。从对待鳄鱼软硬兼施的方式也体现了对神灵"敬畏加利用"②的态度。不仅如此，有学者也看到了祭祀鳄鱼的活动中所体现的对儒家先王所创建的理想秩序的维护，指出它是"平衡天人"③的一种方式。

此外，就人与自然的关系而言，有学者从心理层面论述了韩愈的咏花诗，认为韩诗与前人同类咏物诗相比更突出了"人"的形象，"花"反而成了背景，"花"不是被描述的对象而是诗人倾诉的对象，诗人与花之间是同构关系，诗人的品格与花的精神之间存在共通性，咏花诗随时期而变的风格显示着诗人心理历程的转变：由无知无畏之狂到有知有畏之平常心，最后转向了有知而无畏之勇④。也有学者指出韩愈的天人相仇论增强了

① 康保成：《韩愈〈送穷文〉与驱傩、祀灶风俗》，《中山大学学报》（社会科学版），1993年，第8期，第114页。
② 刘玉红：《韩愈〈祭鳄鱼文〉与唐代的神物崇拜》，《华夏文化》，2000年，第3期，第52—53页。
③ 王琳：《韩愈潮州祭祀鳄的历史语境和文化反思》，《兰州学刊》，2007年，第2期，第184页。
④ 方艳：《大儒对美物的流连——浅谈韩愈的咏花诗》，《安徽师范大学学报》（人文社会科学版），2000年，第1期，第106—108页。

天人之间的边界意识，而丧失了把握整体世界的自信，在描写南山的诗中，他对南山的描写缺乏整体感①。

综上所述，中国古代生态哲学的研究仍以先秦、宋明为主。这一方面是由于这两个时期的思想都具有鲜明的特色，另一方面则是由于前人所做的大量研究，为后人的进一步研究打好了基础。相比较而言，处于先秦与宋明之间的汉唐哲学研究则稍显逊色，而其中唐代哲学研究尤为薄弱。这从另一个方面说明了相对于先秦诸子学、汉代经学、宋明理学而言，唐代哲学自身的特色并不明显。事实上，与"独尊儒术"的汉代不同，唐代在思想文化方面采取了相对开放的态度，这为三教融合提供了有利的条件。在刘文英先生主编的《中国哲学史》中就将隋唐五代哲学设为"儒、道、佛三大哲学思潮的消长与互动"一编。可以说，三教相融相争是唐代哲学的一个特点。而就以各版《中国哲学史》对这一时期儒、佛、道的着墨来看，佛、道占据绝对优势。实际上，这也是对唐代儒学处境的一种折射。正是在这种背景下，以韩愈为代表的儒家以各自

---

① 刘顺：《天人之际：中唐时期的"天论"与诗歌转型——以韩愈、柳宗元、刘禹锡为例》，《文艺理论研究》，2015年，第1期，第131—132页。

的方式致力于儒学的复兴。这种时代背景，在赋予唐代儒家新使命的同时也产生了他们发展儒学的契机。就儒家哲学发展史而言，从汉代经学到宋明理学的飞跃，不是偶然的，也不是一蹴而就的，唐代儒家哲学作为它们的中间过渡阶段发挥了重要的作用。这代表了研究唐代儒家哲学的必要性，同时也代表了研究唐代儒家生态哲学的必要性。

韩愈天人观研究已涉及道论、人性论、鬼神信仰、自然审美等多个方面，但它们仍是各自独立的，而且相对于比较成熟的道论、人性论而言，鬼神信仰层面和自然审美层面的研究还有待深入。可以说，目前韩愈天人观研究多局限于一个层面，尽管学者们意识到了韩愈之天有多层含义，也有学者从道论或人性论等层面论述了其中蕴含的生态观，但是，这些研究仍是各自独立于一个层面，或者说目前还没有针对韩愈天人观及其生态思想的系统性研究。其实，韩愈天人观的各层面是相互关联的，只是由于天和人的丰富含义，才使其天人观呈现出了不同的层面。从某种意义上说，中国传统哲学中天和人的含义要比现象层面的自然与人的含义丰富得多。换个角度说，现代人对于自然和人的理解太过贫乏，这样以生态的视角去解读天人观的过程，实际也是一个丰富自然和人的关系的过程。同时，如果以生态为视角，就可发现在韩愈的天人观、道论、人性论等思想中都蕴含着丰富的生态观。对韩愈生态观的研究不仅仅从内容上拓展了对韩愈思想的研究，更为重要的是它提供了一种新视角，一种新方法。

第二章

韩愈生态观的哲学基础

在生态哲学视阈下，儒家天人观主要涉及两个方面的问题：①自然对于人的意义；②人在自然中的定位。"生"即"德"是儒家对该问题的回答，也是对人与自然关系的总结，它是儒家生态哲学的核心命题之一。孔子之前，"德"是和"天命"相关联的，是君王授命的依据。王—德—天命关系，彰显了"德"的神圣性。根据《尚书》对圣王之"德"的记载可以发现，"德"体现在人与人的关系中，具体而言，是上层对下层的关怀，即"德"是一种情感及其实践。孔子继承并发展了这种思想，他一方面用"天生德于予"说明"德"的神圣性，又用"为仁由己"说明"德"的主体是人；另一方面用"仁者爱人"说明了"德"的内容，又用"孝悌之本"—"泛爱众"说明了"德"的普遍性。孟子进一步将"德"内化为人"性"，认为仁、义、礼、智四德是人性的彰显。他将"德"的内容扩展到"仁民而爱物"。虽然"德"的神圣性仍来自天，但人可以尽心→知性→知天，存心→养性→事天，即人可通过"修身"来"立命"。如果说孟子是对孔子"为仁由己"思想的发挥，那么，荀子则是对孔子"克己复礼"思想的阐扬。荀子将"义"作为人之异于禽兽的"德"。此"德"是先天内在于人的，但

"德"的内容不是情感上的爱恶，而是秩序上的理乱，即"德"不是情感而是原则。"义"作为一种内在原则，其外在的表现就是"礼"。汉代董仲舒以"唯人独能为仁义"，通过人与物的对比，说明了"仁义"是人之超然于万物之上的本质。与先秦儒家将"仁""义"安置于人心、以人的情感和条理作为发端不同，董氏则将其诠释为"天志""天理"。可以说，自孔子将人作为道德主体开始，儒家就以天人合一为前提展开了对人之"德"的不断探索。而且早在先秦时期，儒家之"德"的内容就包含了对动植物的关怀。汉代更是将人与自然物的关系上升至宇宙论层面。这些认识就是唐代韩愈天人观的理论来源。

第一节　天人合德观

在先秦时期，天的含义大致有两类：一类是人格神的，一类是自然的。就发展趋势而言，天的人格神身份在淡化，而自然性愈加清晰起来。与之相反，与人的自然性相比，人的道德属性不断得到高扬。在人对天的认识由盲目崇拜向理性认识的过渡中，天与人始终存在着生存和道德的关联。这种关联也经历了由外向内的转化。在先秦儒家代表孔子、孟子、荀子那里，虽然保留了天的神秘和神圣性，但他们都致力于在肯定人的能动性的前提下，建立人与自然之天的联系。他们用自然之天的"生"充当天人合德的中介，从而代替了"神"的作用。在"生"即"德"的天人观下，先秦儒家的生态观突出了贵"生"的原则。

孔子之前，天与人的关系是一种神人关系，神有绝对的权威和控制力，人的命运完全由神掌握。天神对人实施赏罚的关键在于君主是否服从天命，而天命的主要内容就是养育苍生，这也是上天评价君主是否有德的依据。也就是说，春秋之前的天人关系是以天神—君主—民众之间的互动呈现的。

天人互动首先表现在天神对君主及其王朝的控制力，如，"有夏多罪，天命殛之"①。其次，从天对君主行使赏罚的依据看，天命与民意是相通的，"朕及笃敬，恭承民命，用永地于新邑"②。养育苍生是天命的内容，"思文后稷，克配彼天。立我烝民"，"帝命率育"③，也是对君主提出的道德要求，"弘于天若，德裕乃身，不废在王命"④。最后，从天对君主及其王朝进行赏罚的手段来看，天的控制力是通过改变万物生存所依赖的环境来实现的，"天笃降丧""瘨我饥馑"⑤。总之，孔子之前的天人关系表现为天神—君主—民众之间的互动，这种互动表现为君主和

---

① 李民，王健：《尚书译注》，上海：上海古籍出版社，2004年，第105页。
② 李民，王健：《尚书译注》，上海：上海古籍出版社，2004年，第165页。
③ 程俊英：《诗经译注》，上海：上海古籍出版社，2010年，第521页。
④ 李民，王健：《尚书译注》，上海：上海古籍出版社，2004年，第260页。
⑤ 程俊英：《诗经译注》，上海：上海古籍出版社，2010年，第508页。

民众对天神的生存依赖，民众和天神的状态直接受君主之德的左右，民众的生存状况是评价君主是否有德、天是否改变授命的关键。在此，天依靠的是控制环境的能力，君主依靠的是养育苍生的道德，民众的生存状态是二者作用的结果，也是评价二者的指标。只是这一互动关系被神秘化了，人的作用被掩盖了，而天成了唯一的能动体。

可见，在孔子之前已有重视人道、人德的认识，这在孔子那里得到了发挥，这种由天向人的转变，一方面说明了人的能动性的提升，另一方面也建立起了人与外在环境的内在联系。而天、地、人这一整体系统始终是认识的基础。孔子之后，天与人之间的内在联系得到了发展，在孟子那里，心与性被当作天人之间的纽带。

孔子时代，随着天的人格神身份的淡化，对天人关系的认识开始趋向自然化。这种自然化的天人关系仍然包含生存和道德两个层面，或者说，生存与道德是同一的。孔子认为天是"百物生焉"的条件，也是"唯尧则之"的标准；孟子同样指出天是使"苗勃然兴之"的条件，也是"尧荐舜"的依据，并建构了心—性—天之间的内在联系，提出"存其心，养其性，所以事天也"①的要求；荀子在"明天人之分"
的基础上，也将"生之本"的天地作为"礼"的依据之一，
并肯定了源于天地的"诚"对人类社会有指导意义，"不诚则
不能化万物"，"不诚则不能化万民"②。这些认识可以用"天
地之大德曰生"③来总结，即"生"这一事实本身就包含了
"德"的价值。

在"生"即"德"的价值观下，孔子提出了"钓而不纲，
弋不射宿"④的要求。孟子继承孔子的思想，明确提出了"仁
民而爱物"⑤的主张。他用"生"来规定"王道"，指出"养生
丧死无憾，王道之始也"⑥。他还用"生"来解释人类的情感，
说明了人对动物的怜悯之情，源于对"生"的肯定。他指出，
有仁爱之心的人是不忍直视动物被宰杀的过程的，"见其生，
不忍见其死"⑦。荀子则侧重于人的能动性，提出了君子"善假

① ［宋］朱熹：《四书章句集注》，北京：中华书局，1983年，第349页。
② ［清］王先谦：《荀子集解》，北京：中华书局，1988年，第48页。
③ 黄寿祺，张善文：《周易译注》，北京：中华书局，2016年，第508页。
④ ［宋］朱熹：《四书章句集注》，北京：中华书局，1983年，第99页。.
⑤ ［宋］朱熹：《四书章句集注》，北京：中华书局，1983年，第363页。
⑥ ［宋］朱熹：《四书章句集注》，北京：中华书局，1983年，第203页。
⑦ ［宋］朱熹：《四书章句集注》，北京：中华书局，1983年，第208页。

于物也"①，至人"明于天人之分"②的观点。他将人类的行为
置于天地系统中，指出人所具有的能动性使人能够立于天地之
间，"天有其时，地有其财，人有其治，夫是之谓能参"③。由
此，荀子认为人事的吉凶主要是人类行为造成的。他将吉凶的
控制权由天转向人，认为吉凶都是人为的。只要"强本""养
备""修道"则吉；反之，如果"本荒""养略""倍道"则
凶④。荀子设想的圣王社会与孟子的王道社会是一致的，也突出
了贵"生"的特点，他要求以"不夭其生，不绝其长"作为取
用动植物的原则；以"不失其时""谨其时禁"作为行为规范；
以"五谷不绝""鱼鳖优多""山林不童"⑤作为社会存续的基本
保障。

　　总之，先秦儒家在宗教氛围尚浓的背景下，淡化了天的人
格神属性，还原了天的自然属性；肯定了人的自然性，突出了
人的道德性；将以"神"为中介的天人关系，转化成以"生"

---

① ［清］王先谦：《荀子集解》，北京：中华书局，1988年，第4页。
② ［清］王先谦：《荀子集解》，北京：中华书局，1988年，第308页。
③ ［清］王先谦：《荀子集解》，北京：中华书局，1988年，第308页。
④ ［清］王先谦：《荀子集解》，北京：中华书局，1988年，第307—308页。
⑤ ［清］王先谦：《荀子集解》，北京：中华书局，1988年，第165页。

为纽带的天人关系，肯定了天对人的生存作用以及价值指导意义。以"生"即"德"的天人观为基础，先秦儒家生态哲学突出了贵"生"的原则。

第二节　天人感应论

　　天人关系问题是汉代社会的主题之一。"究天人之际，通古今之变"说明了汉代天人关系的侧重点已与先秦的"性与天道"不同。它的一个特点就是侧重于人事变化与天的变化之间的联系。对天的认识而言，在汉儒那里，天的基本含义是自然之天，但当他们以阴阳五行的天人系统来解释人事变化时，体系化的天又发挥了世俗神的作用。汉初儒者只是以气的感应来说明人事与自然现象的关系，而到董仲舒，则将人的行为对应阴阳五行建立了更细致化的体系，人与天的副本关系使天具有了类似于人的道德情感；对人的认识而言，汉初儒家延续了先秦儒家高扬人的道德的传统，并将人类的道德规范建立在宇宙论的基础上，从而沟通了人道与天道的联系。董仲舒则以宇宙论为基础，针对先秦儒家的人性论，提出了性善情恶论。之后又有扬雄的性善恶混论、王充的性三品论。就整体而言，汉代儒家在人性方面对"情"关注甚多，"情"为接物，故与先秦儒家的"性"论相比，汉代儒家更侧重"道"论，即对他们来说，确立待人接物秩序比探求善恶之源更实用。就天人观而言，汉代儒家在宇宙论背景下，重新阐释了先秦儒家"生"即"德"的命题，同时又增加了"人事与天"的关系，在"恶气生灾异"的天人观下，汉代儒家生态哲学思想突出了以自然与人事之间的因果关联来规范人类行为的特点。

董仲舒之前，天地人的体系已确立。人道以天地系统为坐标，不仅人性与天贯通，"性藏于人，则气达于天"①，而且万物是"气感相应而成者"②，彼此之间因气而相连。甚至，人事与自然灾异直接相关联，人事成了自然灾异的一个因素，"故夫灾与福也，非粹在天也，又在士民也"③。

董仲舒时代，天道与人道的联系更加系统化，以天道阴阳

---

① 王利器：《新语校注》，北京：中华书局，2012年，第55页。
② 王利器：《新语校注》，北京：中华书局，2012年，第8页。
③ 阎振益，钟夏：《新书校注》，北京：中华书局，2000年，第338页。

论人之性情、以自然灾异评人事功过成为主流认识。而这些
认识的一个前提就是肯定天地人是一个整体，"三者相为手足，
合以成体"①。人与天的关系，首先表现为人是天的副本，人外
在的形体以及内在的道德情感都与天相对应。人的形体对应
"天数"，人的血气对应"天志"，人的德行对应"天理"，人
的好恶对应"天之暖清"，人的喜怒对应"天之寒暑"，人之命
"化天之四时"，"人之情性有由天者矣"②。其次，从构成成分
上看，天与人都由阴阳之气构成，故彼此之间存在感应，"天
地之阴气起，而人之阴气应之而起"③。这种感应既涉及外在的
自然现象和人事福祸的对应，"帝王之将兴也，其美祥亦先见；
其将亡也，妖孽亦先见"④，也关乎内在的性情与天的对应，天
之阴阳对应人之贪仁⑤。在此，自然界的同类相感被应用到了

① 苏舆撰，钟哲点校：《春秋繁露义证》，北京：中华书局，1992年，第
168页。
② 苏舆撰，钟哲点校：《春秋繁露义证》，北京：中华书局，1992年，第318—
319页。
③ 苏舆撰，钟哲点校：《春秋繁露义证》，北京：中华书局，1992年，第
360页。
④ 苏舆撰，钟哲点校：《春秋繁露义证》，北京：中华书局，1992年，第
358页。
⑤ 苏舆撰，钟哲点校：《春秋繁露义证》，北京：中华书局，1992年，第
296页。

人事层面而具有了价值判断的含义，"美事召美类，恶事召恶类"①，所以自然界的变化与人事直接相关，甚至成了评价人事的依据；以阴阳解人性可以解释现实中的人有善也有恶的现象，也可以说明圣王存在的意义是"成民之性"②。圣王是能明天道的人，圣人根据天道设立了人道。与先秦儒家天人观重视"性与天"和"生与天"不同，汉儒不仅增加了"人事与天"，还对"性与天"做了新探讨，而"生与天"作为被认可的内容成了常识性认识。

人伦规范源自自然界彰显的天地之道，"图画乾坤，以定人道"③。人与人之间的关系被放置在了天地的大环境下，只有人与人之间的关系和谐了，自然界才会和谐，"故天为之下甘露，朱草生，醴泉出，风雨时，嘉禾兴，凤凰麒麟游于郊"④。可以说，人类遵循秩序才符合天道，即人类在自然界中以有序的形式存

---

① 苏舆撰，钟哲点校：《春秋繁露义证》，北京：中华书局，1992年，第358页。
② 苏舆撰，钟哲点校：《春秋繁露义证》，北京：中华书局，1992年，第302页。
③ 王利器：《新语校注》，北京：中华书局，2012年，第10页。
④ 苏舆撰，钟哲点校：《春秋繁露义证》，北京：中华书局，1992年，第102—103页。

在才是应然的状态。不仅人伦有序，人类的行为也要受到规范，这种规范也是以天地之道为依据，"因天时而行罚，顺阴阳而运动"①。天会以自然灾异的形式警示人类的过失，人类如果无视天的警告最终就会殃及自身。就君主而言，他的行为会直接影响外在自然环境，暴风、霹雳、雷电、暴雨等自然灾害都与君主的行为有关。这种认识虽然未必全然正确，但却说明了君主的决策对社会以及自然有决定性的作用。可以说，汉儒独特的一点就是将天人感应应用到了政治层面。这是大一统社会下必然要探寻的方向。汉儒认为人类的政治活动与天的变化直接相关，天会以"改之以灾变，告之以祯祥"②的形式来进行赏罚。具体来说，天是通过改变自然环境来影响人类社会的，"恶政流于民，则螟虫生于野"③。也就是说，天不是掌控人类命运的神，虽然董仲舒将灾异看作天的指示，但实际上，天是与人类同体相连的一大元素，人类的行为通过天最终又反作用于自身。在此，天只是受人类行为影响而做出改变的一个外在因素，所谓

---

① 王利器：《新语校注》，北京：中华书局，2012年，第107页。
② 王利器：《新语校注》，北京：中华书局，2012年，第3页。
③ 王利器：《新语校注》，北京：中华书局，2012年，第173页。

的福与灾都源自人类的行为，"天有常福，必与有德；天有常灾，必与夺民时"①。只有人道符合天道，社会才会有序，自然才会丰茂。

汉代儒家十分推崇"行合天地，德配阴阳"②的圣王，圣王仁爱自然万物的事迹被广泛引用。他们将"仁"的范围扩展至自然物。他们指出，"圣王之于禽兽也，见其生不忍见其死，闻其声不尝其肉"是"仁之至"的体现③；不爱"鸟兽昆虫"不足以称仁④；"泛爱群生"才是"仁"⑤。董仲舒甚至将仁爱推广至群生所依附的环境。董仲舒指出"恩及于火"则"甘露降"；"恩及于土"则"嘉禾兴"；"恩及于金石"则"凉风出"；"恩及于水"则"醴泉出"⑥。在此，自然环境被划分成了木、火、土、金、水五种属性。而从与人的关系而言，则有可食与不可食之

---

① 阎振益，钟夏：《新书校注》，北京：中华书局，2000年，第339页。
② 王利器：《新语校注》，北京：中华书局，2012年，第32页。
③ 阎振益，钟夏：《新书校注》，北京：中华书局，2000年，第216页。
④ 苏舆撰，钟哲点校：《春秋繁露义证》，北京：中华书局，1992年，第251页。
⑤ 苏舆撰，钟哲点校：《春秋繁露义证》，北京：中华书局，1992年，第165页。
⑥ 苏舆撰，钟哲点校：《春秋繁露义证》，北京：中华书局，1992年，第372—380页。

分，对于人类生存所需的自然资源加以保护，这是带有人类目的性的，而对于与人类生存无直接关系的自然资源也倡导蓄养则是可贵的。董氏认为不可食的自然物也要保护蓄养，"其不可食者，益畜之"①。汉代儒家将仁爱自然物看作"礼"的规定。贾谊列举了礼对人类行为的规范，要求"不合围，不掩群，不射宿，不涸泽"②。他以礼的约束力来规范人类行为以避免滥杀滥伐。在汉代儒家看来，只有人类守礼而仁爱自然万物，才能"天下安而万理得"③。同时，他们肯定人类对自然的合理取用，相对于先秦儒家将义、利对立看待，汉代儒家开始将其统一起来，"利以养其体，义以养其心"。也强调义大于利，"体莫贵于心，故养莫重于义"④。

　　总之，汉代儒家对天的认识是以自然之天为基础的，自然之天是日月星辰的载体，是可见之物，并且有一定的规律，天有"时"、有"常"。这个意义上的天道并不干涉人道。人作为需要依靠自然资源生存的群体，要按照天道规律

① 苏舆撰，钟哲点校：《春秋繁露义证》，北京：中华书局，1992年，第456页。
② 阎振益，钟夏：《新书校注》，北京：中华书局，2000年，第216页。
③ 阎振益，钟夏：《新书校注》，北京：中华书局，2000年，第217页。
④ 苏舆撰，钟哲点校：《春秋繁露义证》，北京：中华书局，1992年，第263页。

行事。这个规律不仅是四时的变化，还有对生杀的规定。天道贵生，所以人要遵循此原则关爱群生，人对自然物的索取也要有时、有度。汉儒天人观的一大发展就是以阴阳五行之气建立了天人整体系统。在先秦儒家思想中，气所连接的是"生"与"德"，汉代儒家又增加了现象层面人事福祸与天象变化之间的联系，这使得自然之天又加上了神秘的成分。与恶政—恶气—灾异形成对照的是圣人泽及草木昆虫而天下和顺的图景。自然灾害成了人事的警示，或者说人事是自然灾害发生的原因。在此，探究自然灾害的原因并不是目的，其重点在于规范人事行为。福祸虽来自天，但其结果是与人行善作恶相对应的。因此，汉代儒家认为避免天灾既要修德又不能夺民时。董仲舒以阴阳、四时、五行构建了整体系统，贯通了天道与人道。他以仁义为天道，并将人君的行为与四时、五行、阴阳相对应，提出了人要"配天"的主张。自然之天所具有的"生""长""杀"的功能，对应的就是人事中的"爱""养""罚"。而以自然灾害的形式表达"天之遣""天之威"的自然之天已有了主宰者的意味。在此，自然之天一经体系化就变成了牵一发而动全身的宇宙整体，相对于先秦儒家自然之天的范围而言，汉儒所说的自然之天已暗含了宇宙体系。天的体系化，增强了人与天之间的联系，而汉儒将这一系统化的联系应用到政治人事之后，又使得它的宗教性增强了，天不只是养人的环境，还是教化人的楷模，这种教化是通过福祸赏罚实现的。

综上所述，先秦儒家在宗教之天的色彩仍然很浓的背景下，一方面，将人格神之天搁置，而转向关注人事，提出了以仁为内在规定、以礼为外在规范的做人准则；另一方面，从人事的角度说明了天无为而生的功能也是圣王规范人事的价值依据。也就是说，在先秦儒家那里，天不是以主宰者的身份凌驾于人的神，而是既孕育生命又规范生命的存在，孕育生命是无为而成的，规范生命则是通过人实现的。总体而言，孔子之天是一个无为而有序的存在，它暗示了世界的本质是"生"。孔子通过"则天"将其作为人之作为的最终依据。可见，自儒家创始之初，天已有从神坛走向自然的倾向，而这种自然之天并不是单纯的苍穹，而是其蕴含的"生"的本质，以及"德"的规范。从这个意义上看，天仍是神圣的。孔子之后，孟子一方面将孔子之"仁"推行至政治层面，将"仁民而爱物"作为仁政的基

本内容；另一方面，他也从人事的角度提出作云下雨的天也是
"诚"的示范者。孟子发展了孔子的则天思想，建构了以"心"
连接人与天的尽心知性知天模式。在以人的道德情感为人之性
的设定中，孟子之天侧重的是对于"德"的规范意义。也就是
说，孟子是沿着人类视角，将天视为价值之源的。孟子之后，
荀子则侧重还原天的客观自然性，他一方面以天的无形造化之
功否定天的人格神身份，还原了天之"生"的本质，肯定人事
作为的能动性，提出明天人之分的主张；另一方面，他延续了
孔孟重视人事的传统，在圣人不求知天的认识前提下，转向从
人类规范来源的路线建立人与天的联系，主张人"参"天地。
荀子将人之"仁义"作为对天地之"诚"效法，并在"礼"之
本中，将天之生设为首位。可以说，从孔子到荀子，先秦儒家
对于天的认识逐渐自然化，尤其在以阴阳变化解释自然现象之
后，天已由四时的现象转向阴阳调和的内在运行模式。这一方
面淡化甚至否定了天的人格神身份，另一方面加固了人与天之
间价值关联的事实基础。

汉代儒家在宇宙论的认识前提下，将人与天在气层面的联
系作为事实，不仅重申了人与天之间的价值关联，还推出了人

事变化与天象的关系。陆贾指出天是日月星辰的载体，也是通过四时、阴阳、五行与人互动的一个系统。他认为人道是圣人根据天文、地理而定的，违背人道的恶政会生恶气进而导致灾异。贾谊也认为人道规范效法于天地、四时，天之福与人之德相对应。可以说，汉初儒者已将人事的福祸兴衰与天联系在一起。董仲舒将其发展成了更体系化的天人感应思想。在同类相感—人副天数—天人感应的推论下，董氏以阴阳、五行解释人类规范的意义，自然灾异被当作天的遣告。至此，与人事变化直接相关的天，已由无为变成了有为，体系化的自然之天与先秦儒家搁置的宗教之天相结合，构成了汉代儒家天人观的主流。它在价值层面以外侧重对人事现象的解释，在政治功能得到发挥的同时也逐渐趋向工具化。谶纬就是天人感应世俗化的结果。虽然谶纬自出现就伴有与之相对的批判思潮，但作为新王朝成立的政治工具，在唐代初期对谶纬也采取了开放态度。在安史之乱后的中唐开始严禁谶纬，但作为主流的官方儒学延续的仍是汉代的天人感应体系。总之，先秦"生"即"德"的天人合德和汉代"恶气生灾异"的天人感应构成了中唐儒家天人观的理论基础。汉末随着谶纬的蔓延，儒家思想陷入腐化危机之中，中唐儒家在政治环境允许的背景下，对天人关系问题所进行的探讨，就是要重新阐释儒家天人之学的本义。这种理论探索不仅是儒家理论自身发展的需要，也是在三教鼎立局面下完善儒家理论的必然选择。

第三节　中唐时期的"天人之辨"

　　中唐时期的思想文化背景是儒、道、佛三家互动共存，儒家代表韩愈、柳宗元、刘禹锡为了复兴儒学，对作为儒家哲学基础的天人观进行了讨论。他们都以先秦儒家为模范，继承了先秦儒家重视人道的传统。在他们之间展开的"天人之辨"则显示了他们对待汉代流行的天人感应的不同态度。韩愈试图将天人感应自然化，既否定天有意识地干预人事，又肯定天与人事之间有相互影响的感应关系。柳宗元承认天人感应的教化意义，但他否定天是主宰者，他一方面通过气论解释自然现象和人的道德来否定神对人事的主宰作用；另一方面又从价值层面重申了圣人效法天道设立人道的意义。刘禹锡则从自然和法治两个方面说明了天命观的来源，从功能方面论证了天之生与人之治的交相胜关系。总之，"天"和"人"的含义在他们那里极其丰富，它们包含而不是完全对应当今意义上的"自然"和"人"。或者说，"自然"和"人"的关系在他们那里是多层面的。实际上，当今生态危机是与"自然"的资源化、"人"的动物化相伴而生的。从这个意义上说，对比古人对"自然"和"人"的认识对于探究当今社会生态危机的实质会有启迪作用。

一、"天"的界定

尽管从先秦儒家的孔子到荀子，"天"的自然性逐渐被凸显，"天命"的控制力逐渐被削弱，但"天"仍是一个多面体，它既是"德"的神圣来源，是万物的生命之源和生存条件，也是民众获得依靠的精神信仰。汉代儒家建立了天地万物的整体系统，与先秦儒家之天相比，汉代儒家之天的身份并没有增加，只是在系统感应下，天的能动性增强了，相应的天命身份被凸显了出来。汉末盛行的谶纬和隋唐佛教、道教的兴盛，致使天的神秘色彩愈加浓厚乃至掩盖了天的其他身份。这构成了中唐的韩愈、柳宗元、刘禹锡"天人之辨"的时代背景。尽管韩、柳、刘三人之间存在一定的分歧，但总体而言他们是要破除天的迷信成分，恢复先秦儒家对天的认识。按照先秦儒家的传统，他们仍保留了天的多重身份，所以可以看到他们一方面在批判鬼神信仰，一方面又在宣扬神道设教的意义，这在今天看来矛盾且不相容的两种认识在他们那里却是合理的，因为他们立足的是社会功用，面对的是不同阶层，针对的是不同需求。

在韩、柳、刘的诗文中，天都有多面含义。如果按照冯友兰先生的划分标准，他们对天的认识大致可以归纳为三种：自然之天（包括物质之天）、主宰之天、道德之天，天的这三个方面其实是他们对天的不同功能的说明。根据社会治理的需要，他们分别从神道设教和自然天道的角度对天的各职能进行了说明。在此，韩、柳、刘之天就可以分为两个层面：自然宗教中的神秘之天和现象层面的自然之天。在汉代儒家那里，自然之天与神秘之天是混合在一起的，自然之天的神秘化是汉代儒家天人观的一个特征，中唐的儒家虽然也涉及了这两个层面，但是他们是对其加以区分的，他们一方面肯定神秘之天在世俗教化方面的作用，而仍将其应用于政治生活中，一方面又通过自然化还原将天之德内化为人的规定，这样神秘之天的自然化就成了中唐儒家天人观的一个特征。这与先秦儒家搁置神秘之天，而致力于建立自然之天与人的关系是一脉相承的。

（一）自然宗教层面的神秘之天

在韩、柳、刘的诗文中，有一些关于神秘之天的记载。天以变幻莫测的阴、晴、风、雨、雷、电等气象变化显示它的威严。这些气象变化对万物造成的或好或坏的影响被看作天命的赏罚作用。天行使赏罚所依据的是它自身的道德判断。在此，作为掌管气象变化的天神实际是万物生存的外在条件。也就是说，天神虽然有人格属性，但它的整体职能是掌管自然界的变化。从这个意义上说，天是被神化的自然。这表明中唐儒家的神秘之天继承的是汉代以体系化的自然之天为基础的自然神理念，而不是独立于自然的上帝。在这个意义上，儒家天命论不同于道教的神仙信仰和佛教的业报论。从这里也可以理解利用儒家天命观的儒家学者却排斥佛、道鬼神信仰的原因。

1. 天掌管气象变化

在有关天神的描述中可以看到，除天之外的其他自然物和现象也都是有意志的存在，而天处于最尊贵的地位，它以气象变化掌管万物。也就是说，天与其他自然物构成了一个整体系统，而天是这个整体系统的核心要素。

韩愈有控诉风神的文章①，他将造成干旱的原因归罪于风神。韩氏描写了雨将降时的情景："山升云兮泽上气，雷鞭车兮电摇帜"，在风不大的情况下即将降下雨水。但是"风伯怒"改变了"风浸浸兮将坠"的状态，致使"云不得止"，而雨未得降。韩愈认为"上天孔明兮，有纪有纲"，希望天神能够惩罚风伯。另外在《苦寒》②中，他还把春寒看作"颛顼固不廉""太昊驰维纲"的表现，请求天神能"哀无辜"而"惠我下顾瞻"。在此，天的崇高地位被凸显了出来，风雨雷电和四季之神都要接受天神的管制。

---

① ［唐］韩愈著，马其昶校注，马茂元整理：《韩昌黎文集校注》，上海：上海古籍出版社，2014年，第70—71页。
② ［清］方世举撰，郝润华、丁俊丽整理：《韩昌黎诗集编年笺注》，北京：中华书局，2012年，第78—79页。

对于天神控制气象的能力的论述多集中于韩、柳、刘上奏给君主的贺表中。天神能"移造化之玄功，革阴阳之常数"①，也就是说，天神能控制自然力，改变天气状态。天神以各类天气变化来回应人的请求，其中"风雨以时，祥瑞辐凑"②是天给予的肯定答复。人们将雪、雨等自然现象都看作天神的恩赐。人向天神祈祷下雪，天神就以雪回应，"春云始繁，时雪遂降"③，"献岁发春，佳雪肇降"④。人们祈求雨，天神就以雨回应，"阴云已垂于四野"，"雷雨应期"⑤，"膏雨骤飞"，"滂霈已周"⑥。在此，天气的变化被看作天意的显现。天神对于万物的主要作用是"施雨露而育物"⑦。

————————

① ［唐］柳宗元：《柳宗元集》，北京：中华书局，1979年，第971页。
② ［唐］韩愈著，马其昶校注，马茂元整理：《韩昌黎文集校注》，上海：上海古籍出版社，2014年，第693页。
③ ［唐］韩愈著，马其昶校注，马茂元整理：《韩昌黎文集校注》，上海：上海古籍出版社，2014年，第666页。
④ ［唐］刘禹锡：《刘禹锡集》，卞孝萱校订，北京：中华书局，1990年，第157页。
⑤ ［唐］韩愈著，马其昶校注，马茂元整理：《韩昌黎文集校注》，上海：上海古籍出版社，2014年，第708页。
⑥ ［唐］刘禹锡：《刘禹锡集》，卞孝萱校订，北京：中华书局，1990年，第158页。
⑦ ［唐］柳宗元：《柳宗元集》，北京：中华书局，1979年，第1380页。

　　总之，天神是自然力的化身，是自然力系统的主宰。它主宰天气的变化，天气变化对于万物的生存有着至关重要的影响。从天对万物的生存影响而言，天气的变化代表了天神对万物的赏罚。

2. 天有赏罚功能

　　在韩、柳、刘那里，天气的变化被看作神的赏罚，如干旱、水灾、冰雹等自然灾害被看作天的惩罚，而风调雨顺则被看作天的恩泽。也就是说，天并不直接干涉人事，而是通过改变天气来影响万物的生存。

　　在韩、柳、刘贺风调雨顺的表中，他们都是在赞扬君主的德行感通天，天以风雨以时的形式奖赏人类，使人衣食无忧。君主有德，上天就会以"风雨必顺，生长以时"①的形式奖赏人类。在这个条件下，天恩不仅惠及动植物、山川、人臣，甚至恩及"黎老班白""鳏嫠童幼"②。在君主与天合德的情况下，从积极方面说可以获得上天的赏赐，"实丰穰之嘉瑞"；从消极方

---

① ［唐］柳宗元：《柳宗元集》，北京：中华书局，1979年，第942页。
② ［唐］柳宗元：《柳宗元集》，北京：中华书局，1979年，第941页。

面说可以避免天的惩罚，"销疠疫于新年"①。

在祭祀地方神祈求天气转变的祭文中，水灾、旱灾等天灾都被视为上天对人的惩罚。大雨连绵被认为"恒雨获戾"②，干旱也会从"苟有获戾"③找原因，认为是"天降之罚，以久不雨"④。可以说，无论是旱灾还是水灾，都是上天对人的惩罚。天的变化直接关系到人类的生存状态，"上天不虚应，祸福各有随"⑤。

总之，天神掌管天气的变化，天气变化会给人类带来或正面或负面的影响，从这个意义上说，掌控天气变化的天神具有赏罚的功能。天神的赏罚并不是随意的，而是有原则的。在韩、柳、刘看来，天神行使赏罚的依据是人的德行，也就是说，天神还有道德判断的能力。

① ［唐］韩愈著，马其昶校注，马茂元整理：《韩昌黎文集校注》，上海：上海古籍出版社，2014年，第666页。
② ［唐］柳宗元：《柳宗元集》，北京：中华书局，1979年，第1086页。
③ ［唐］柳宗元：《柳宗元集》，北京：中华书局，1979年，第1088页。
④ ［唐］韩愈著，马其昶校注，马茂元整理：《韩昌黎文集校注》，上海：上海古籍出版社，2014年，第360页。
⑤ ［清］方世举撰，郝润华、丁俊丽整理：《韩昌黎诗集编年笺注》，北京：中华书局，2012年，第53页。

3. 天有道德判断能力

对于韩、柳、刘来说，天人感应的中介是道德仁义，天有道德判断能力。天气的变化虽是天神的赏罚，但最终原因在于人类自身的德行是否符合天道。从这个意义上说，天的道德属性的设定实际上是为提升人的能动性创造条件。天虽然保留着主宰者的身份，但它不是专断的独裁者，而是能明辨是非的法官。这就建立了人有德——风调雨顺、人无德——天现灾异的对应关系。

天与人之间的道德纽带是通过天生人德的形式形成的。"天授人以贤圣才能"① 即是肯定圣贤之德源自天。"皇仁天施，我返其性"② 则是将更普遍的人性之仁归于天。也就是说，尽管对于人而言，天赋之德存在差异，但德的最终来源都是天。作为道德之源，天的人格神身份并不明显，但它对人类道德的监督则有明显的人格神倾向。

在天人感应的前提下，人施"德"，天就会以符瑞回应。

---

① ［唐］韩愈著，马其昶校注，马茂元整理：《韩昌黎文集校注》，上海：上海古籍出版社，2014年，第125页。
② ［唐］柳宗元：《柳宗元集》，北京：中华书局，1979年，第553页。

"天地之道尚德而右功"①，人（主要指君主）只要做到"德合天地""事法阴阳"②，就会迎来丰年。在"圣德所施"③的感召下，甚至会有"灵物"出现。在这种认识模式下，出现了各类赞美君主德行的贺雨、雪、天晴、神奇自然物的奏表。天的作用主要是突出君主德行的崇高、广大，以至于天覆地载之物都受到了恩惠。在此，只要人"主恩及物"④，天就会因"圣德"而施"鸿恩及物"⑤。珍贵的自然物作为"天所以启觉于下"的灵物是用于"化我德"⑥的。

与之相反，各类不适于动植物生长的反常天气就是对人失德的警示。因此，在祈求天气变化的祭文中，往往会有反省自我德行的部分。如，韩愈在祈祷天气变化的《袁州祭神文三首》

---

① ［唐］柳宗元：《柳宗元集》，北京：中华书局，1979年，第546页。
② ［唐］刘禹锡：《刘禹锡集》，卞孝萱校订，北京：中华书局，1990年，第580页。
③ ［唐］韩愈著，马其昶校注，马茂元整理：《韩昌黎文集校注》，上海：上海古籍出版社，2014年，第671页。
④ ［唐］刘禹锡：《刘禹锡集》，卞孝萱校订，北京：中华书局，1990年，第196页。
⑤ ［唐］刘禹锡：《刘禹锡集》，卞孝萱校订，北京：中华书局，1990年，第169页。
⑥ ［唐］韩愈著，马其昶校注，马茂元整理：《韩昌黎文集校注》，上海：上海古籍出版社，2014年，第158—159页。

中，先检讨自己作为地方官的失职之处，"刺史无治行，无以媚于神祇"，然后祈求自然神不要将惩罚施加在无辜的百姓身上，而应直接降罪于他，"百姓何辜，宜降疾咎于某躬身"①。反省自己就是这类祭文的一般模式。

天的道德判断能力主要体现在天以改变天气的形式监督人类的行为上。由此，天气变化的意义不仅在于它会影响人类的生存，还在于它暗含着对人类道德的评定。在人的道德影响天气、天气影响人类生存的关系链中，人实际上削弱了天神的控制力。

总之，在宗教层面，天的身份有三层：①天是掌管气象变化的自然神力；②天是影响人类生存的天命；③天是人类道德的赋予者和监督者。这三个层面中，①是天的原型，是对天的客观认识；②和③都是天对人的影响，是人对天的主观感受。也就是说，在韩、柳、刘那里，天是既外在于人又与人息息相关的存在。天不仅是现象层面的物理存在，它还是关乎人的生存环境和存在意义的存在。在达成共识的前提下，韩、柳、刘三人对天神的三个层面又有不同的侧重，韩愈侧重②和③，从

① ［唐］韩愈著，马其昶校注，马茂元整理：《韩昌黎文集校注》，上海：上海古籍出版社，2014年，第360页。

人德谈论人的生存；柳宗元侧重①和③，从自然之"生"谈论人之德；刘禹锡侧重①和②，从自然的职能谈论天对人的影响。从中可以看到，韩愈并不关心天是什么，而侧重于天对于人的意义；柳、刘则以客观之天为基础谈论天对人的意义，其中柳宗元关注了天的价值意义，而刘禹锡则重视天作为生存条件的作用。这种认识倾向决定了他们从现象层面谈论天时也会有不同的侧重。

（二）现象层面的自然之天

在韩、柳、刘那里，能呼风唤雨赏罚人类的天神，也是人类可以看到其形、把握其道、认识其功能的自然之天。韩、柳、刘对天神的认识主要说明了天对于人类的生死、福祸、存在意义有重大影响，也就是说，天神主要是用来说明天人关系的，而对自然之天的认识则突出了天的客观性和对象性。在形体方面，天是与地相对的有形的苍穹。在运行方面，天是四季变化和日月星辰的运行。在功能方面，天是孕育万物的必要条件。

1. 天有高、大之体

在韩、柳、刘将天神秘化的描述中，天是掌控气象变化的神。这种认识既说明了天在现象层面的变化，又解释了变化背后的动力。实际上，按照认识发展的一般规律，人对天的认识首先是从外在形体开始的。从方位上说，天是位于人头顶之上的存在，是高的极限；从形体上说，天是有形体的最大存在。

韩愈指出天是"悬日与月""系星与辰"① 的"形于上者"，天上的星体都是天的代表，即"日月星辰皆天也"，而天是"日月星辰之主"②。为了说明天不是有意识的赏罚神，柳宗元指出天虽然高高在上，且呈"睢盱而混茫"③ 的状态，但它是如同"大果蓏"④ 一样的有形之物。而柳氏所谓的有形之物说明的是天之质，他赞成刘禹锡将无形解释为无常形的看法。他认为"天地之无倪"⑤，即天地是有形且无限的存在。刘禹锡将天看作"形恒圆而色恒青""周回可以度得"⑥ 的"有

---

① ［清］方世举撰，郝润华、丁俊丽整理：《韩昌黎诗集编年笺注》，北京：中华书局，2012年，第342页。
② ［唐］韩愈著，马其昶校注，马茂元整理：《韩昌黎文集校注》，上海：上海古籍出版社，2014年，第28页。
③ ［唐］柳宗元：《柳宗元集》，北京：中华书局，1979年，第54页。
④ ［唐］柳宗元：《柳宗元集》，北京：中华书局，1979年，第443页。
⑤ ［唐］柳宗元：《柳宗元集》，北京：中华书局，1979年，第1269页。
⑥ ［唐］刘禹锡：《刘禹锡集》，卞孝萱校订，北京：中华书局，1990年，第71页。

形之大者"①。他将天与极数九、"独阳"、"乾然健"相对应从而突出了天的高。

总之，韩、柳、刘都将天看作一物，并从形体方面突出了天的高、大。三者的区别在于，韩愈从星体的存在认识天；柳宗元以气说明天是有形且无限的存在；刘禹锡从外在的形体把握天，认为天虽然高、大，但是有形且有限。可见，同是说明天是物，韩愈、刘禹锡侧重于现象，而柳宗元则从本质入手。他们对于天有进一步认识，就是天的运行规律。

2. 天有"常运"

韩、柳、刘从天体的运行方面说明了天之道。对于天的运行规律，早在《尚书》中就有记载，"历象日月星辰，敬授人时"②，说明了当时是以星体的运行来划分时令的。其中，星体的方位、昼夜的长短是划分四季的依据。韩、柳、刘对天的运行规律的认识，基本上是对前人认识的总结，所不同的是他们以自然之气的运行做出了解释。汉代虽然也以气释天，但是那

---

① ［唐］刘禹锡：《刘禹锡集》，卞孝萱校订，北京：中华书局，1990年，第67页。
② 李民，王健：《尚书译注》，上海：上海古籍出版社，2004年，第3页。

时的气夹杂了神秘的成分。从这个层面说，韩、柳、刘就是要将汉代的神秘之气做自然化的还原。

在韩、柳、刘看来，天的运行是有一定规律的，"皇天平分成四时"①，"昼夜可以表候"②，"天有寒暑，闰余三变"③。"四时""昼夜""寒暑"是天体运行的一般规律。这种规律不仅表现为时间的推移，还有寒暑的交替。从这方面来说，"天地间，大运自有常"④。对于人而言，"四时可前知"⑤。

刘禹锡将天的常态总结为"恒高而不卑，恒动而不已"⑥。他指出，昼夜的形成是"阴阳迭用事，乃俾夜作晨"⑦。天之所以

---

① ［清］方世举撰，郝润华、丁俊丽整理：《韩昌黎诗集编年笺注》，北京：中华书局，2012年，第188页。
② ［唐］刘禹锡：《刘禹锡集》，卞孝萱校订，北京：中华书局，1990年，第71页。
③ ［唐］刘禹锡：《刘禹锡集》，卞孝萱校订，北京：中华书局，1990年，第71页。
④ ［清］方世举撰，郝润华、丁俊丽整理：《韩昌黎诗集编年笺注》，北京：中华书局，2012年，第22页。
⑤ ［清］方世举撰，郝润华、丁俊丽整理：《韩昌黎诗集编年笺注》，北京：中华书局，2012年，第122页。
⑥ ［唐］刘禹锡：《刘禹锡集》，卞孝萱校订，北京：中华书局，1990年，第71页。
⑦ ［唐］刘禹锡：《刘禹锡集》，卞孝萱校订，北京：中华书局，1990年，第297页。

运行不已是因为天"乘其气于动用，而不能自休于俄顷"①。柳宗元认为阴阳"吁炎吹冷，交错而功"②是天运行的内在原理。韩愈也以阴阳失调解释异常天气，如，"天行失其度，阴气来干阳"③。他认为"日月相噬啮，星辰踏而颠"④，都是天体运行不规律造成的。

尽管天的变化可以得到解释，但对于他们而言，这种变幻莫测的自然力仍是神秘和神圣的。韩愈指出，"茫乎天运，窅尔神化"⑤；柳宗元感叹，"阴阳之无穷……其孰能知之？"⑥刘禹锡承认，"知小天地大，安能识其真"⑦。

总之，韩、柳、刘概括了天的运行规律并从气的运动方面对其进行了解释。昼夜、四时、寒暑是天体运行所呈现出

---

① ［唐］刘禹锡：《刘禹锡集》，卞孝萱校订，北京：中华书局，1990年，第71页。
② ［唐］柳宗元：《柳宗元集》，北京：中华书局，1979年，第365页。
③ ［清］方世举撰，郝润华、丁俊丽整理：《韩昌黎诗集编年笺注》，北京：中华书局，2012年，第22页。
④ ［清］方世举撰，郝润华、丁俊丽整理：《韩昌黎诗集编年笺注》，北京：中华书局，2012年，第342页。
⑤ ［唐］韩愈著，马其昶校注，马茂元整理：《韩昌黎文集校注》，上海：上海古籍出版社，2014年，第56页。
⑥ ［唐］柳宗元：《柳宗元集》，北京：中华书局，1979年，第1269页。
⑦ ［唐］刘禹锡：《刘禹锡集》，卞孝萱校订，北京：中华书局，1990年，第297页。

来的一般规律，阴阳二气的交互运动是其内部原理。各类反常天气就是阴阳失调造成的。在从形体和运行方面对天做了自然化还原的基础上，他们讨论了天的功能，即天对于万物的作用。

3. 天有"生植"功能

对于天的功能的认识，先秦儒家主要突出的是"生"的作用，汉代儒家在此基础上又增加了"灾异"的作用。在这种背景下，韩、柳、刘提出了自己的看法。韩愈既肯定天对万物生存的作用，也承认人的贵贱福祸由天决定；柳宗元认为天作为万物生存的外在环境，既能促进万物生长，也能危害万物；刘禹锡则从整体上将天的作用视为生万物。

对于天的作用，韩愈一方面指出"三光顺轨，草木遂长"[1]，另一方面又认为"贵与贱、祸与福存乎天"[2]；柳宗元从人类社会的视角将其概括为"生植与灾荒"，他认为"天之能生植久矣，

---

[1] ［唐］韩愈著，马其昶校注，马茂元整理：《韩昌黎文集校注》，上海：上海古籍出版社，2014年，第693页。

[2] ［唐］韩愈著，马其昶校注，马茂元整理：《韩昌黎文集校注》，上海：上海古籍出版社，2014年，第217页。

不待赞而显"①，但从作用上说，天也是造成灾荒的原因；刘禹锡认为天虽然悬有代表"万象之神明"的"三光"，但其根本在于"山川五行"②。他将天的功能总结为"生万物"。

刘禹锡列举了天的作用："阳而阜生，阴而肃杀；水火伤物，木坚金利；壮而武健，老而耗眊，气雄相君，力雄相长"③。在此，万物与人的自然属性都归为天。刘氏进一步提出，"天之道在生植，其用在强弱"④，这表明天的作用是生殖，保持生命不断延续的规则就是盛衰的更替。可见，自然属性和依自然属性建立的秩序都是天的作用，简而言之，天代表的就是自然性。

由上可知，韩、柳、刘都承认天是万物生存的条件。由于这个条件是变动的，韩愈延续了汉代儒家的观点，用人的福祸与之相对应；柳宗元则批判将灾异与福祸相对应或者将天的生

① ［唐］柳宗元：《柳宗元集》，北京：中华书局，1979年，第816页。
② ［唐］刘禹锡：《刘禹锡集》，卞孝萱校订，北京：中华书局，1990年，第72页。
③ ［唐］刘禹锡：《刘禹锡集》，卞孝萱校订，北京：中华书局，1990年，第68页。
④ ［唐］刘禹锡：《刘禹锡集》，卞孝萱校订，北京：中华书局，1990年，第68页。

殖功能目的化的观点，他认为天就是一个有规律但又会出现反常的自然条件，它没有意识也没有目的；刘禹锡将自然界视为不断新陈代谢的过程，尽管他也意识到了自然界中存在的杀、伤、老、衰等消极趋向，但就整个大自然而言，它是一直充满生机的。刘氏的这种认识，继承了先秦儒家贵"生"的传统，并发展了"生"的内涵。

总之，在现象层面，韩、柳、刘对自然之天的认识可以分为三个方面：①天是高、大的存在物；②天有一定的运行规律；③天是万物生存的条件。尽管三人的认识基本一致，但他们的目的并不同。韩愈意在以天说人，所以自然之天的三个方面都对应了人事，这使自然之天又添加了神秘的成分；柳宗元与韩愈相反，他要还原天的自然性，所以他只谈天不提人；刘禹锡要完善柳宗元的观点，他在肯定天的自然性的基础上，从天的功能方面说明了天与人的关系。

从生态维度看，韩、柳、刘所论述的天涉及自然和神性自然两个层面。神性自然所表现的特征同样是对自然的认识，其中显示了人类生存之初对自然的高度依赖，以及人类改造能力的有限性与大自然造化之功的变幻莫测之间的巨大差距。随着人类实践能力的提升，自然的神秘面纱逐渐被揭开。但作为自然力的天仍然是他们赞叹敬畏的对象，作为道德载体的天命则内化为他们的精神寄托，只有天作为福祸主宰者的身份受到了质疑和批判。然而，针对普通民众，他们仍保留着天命在世俗信仰中的角色。所以就整个社会而言，天地山川、部分动植物作为人们生存的依靠也是人们敬畏和守护的对象。对于韩、柳、刘而言，他们对天地万物的自然还原，并没有影响他们对自然的爱护，反而加深了他们与自然之间的生命交流。韩、柳、刘对天的认识的加深与他们对人及其自身的认识的提升是相对应的。

二、"人"的界定

通过《尚书》《诗经》中有关人事的记载，可以发现，在孔子之前人们对"人"的认识集中在君王、贤臣和民众上。上层统治者的有德与无德直接关系到民众的苦乐乃至生死。这体现的是一种从社会职能上认识人的视角，其所谓的人基本是指君王。 先秦儒家通过将德内置于人，从而扩大了人的范围，且提升了人的能动性。 汉代儒家则运用宇宙论和气论将人的范围扩展至整个人类。 阴阳五行的顺逆原则成了人类行为的规范，人的能动性受到了一定的限制。 相比较而言，先秦儒家关注的是人的德的能动性，汉代儒家侧重的是人的道的规范性。 伴随着汉末以后宗教氛围的加浓，人的能动性在天命信仰的压制下逐渐下降。 中唐的韩、柳、刘立足于人类社会起源的历史事实，重申了人所具有的能动性，说明了人道对人类社会存续的意义。 韩愈批判道家否定仁义，斥责道教脱离人之常情的虚幻追求，否定佛教不讲人伦只求清净的出世行为。 柳宗元也批判了道教求长生的做法，强调人存在的意义在于道而不是夭寿。 刘禹锡则肯定了佛教具有一定的教化意义。 总体而言，韩、柳、刘对人的认识涉及自然属性和道德属性两个层面。 人的自然属性表现为人作为生存主体对生理生命的维持，人的道德属性表现为人作为道德主体对人生价值的追求。 生存主体和道德主体不是指两类人，而是指内在于人的两种力量。 对于这两种力量的看法，先秦儒家孔孟的"义"大于"利"、"谋道"大于"谋食"等看法表明了对道德力量的高扬，汉代儒家则在肯定"情""利"等欲望的基础上，提倡以"义"节"利"。韩、柳、刘则是对荀子礼义起源论进行发挥，侧重于"义"是"生"的条件。他们在人类社会的起源中，看到了自然存在状态的人是难以存续的，以圣人的出现为标志，人类进入了有序的社会状态。

（一）作为生存主体的人

告子的"食色之性"就是对生存之性的内容的概括；孟子则将身体器官的机能之"性"称为"命"；荀子实际是从维持"生"的角度说"性"，即"性"是生命体维持生理生命的内在机能。在"生"的层面，不只人与人没有差别，人与动物也没有差别。一切有生命的存在都是生存主体，人只是其中之一，在这个意义上，他们之间不存在"性"上的差别，而只有能力的高低。董仲舒也肯定人之"生"的维持包含"体"对"利"的需求。可见，从先秦儒家到汉代儒家都肯定人作为生存主体有满足生理需求的特征。孟子指出在生理需求方面人与动物没什么区别；荀子认为自然状态的人互相争夺生存资源；董仲舒指出"情""欲"等是不可去除的。他们都看到了人作为生存主体的一个方面，但由于他们的重点在于讨论"性""情"的善恶，所以他们的对象主要锁定在人的身上。韩、柳、刘从人类社会起源的角度，对人的自然生存状态做了描述，这是孟子所说的一种人与动物不分的状态，但人又明显弱于动物；这是荀子所说的人与人相争的状态，但又有人与动物之间的争夺。可以说，韩、柳、刘真正把人放到了自然界中，肯定人是自然界中的一物，人需要依靠外在环境生存。他们看到，在生存能力方面，与其他动植物相比，人处于弱势；在生存方式方面，人与人之间是一种竞争敌对的关系。

1. 不能"自奉自卫"的弱势地位

董仲舒用施仁义之天为人类设定了一个衣食无忧的环境："天覆育万物，既化而生之，有养而成之。"[①] 在董氏这里，理想化的外在环境掩盖了人为之付出的努力。韩愈指出，"古之时，人之害多矣"[②]。他认为最初的原始环境并不适宜人类生存，先王的一项主要工作就是为民除害，"列山泽，罔绳擉刃，以除虫蛇

---

① 苏舆撰，钟哲点校：《春秋繁露义证》，北京：中华书局，1992年，第329页。
② ［唐］韩愈著，马其昶校注，马茂元整理：《韩昌黎文集校注》，上海：上海古籍出版社，2014年，第17页。

恶物为民害者"①。孟子也曾说过，禹治水而天下平，周公驱赶猛
兽而百姓安宁②。实际上，《尚书》记载的尧、舜、禹三王的主要
工作都涉及改造自然的内容，如"敬授民时""平水土""播时
百谷"等。可见，在儒家看来，原始环境对于人而言是充满威
胁的。

韩、柳、刘都有贬谪经历，他们被贬的地方大都是未完
全开发的地区，当地的自然环境接近原始状态。韩愈描写的
当时的岭南地区就呈现一种较原始的自然状态："湖波连天日
相腾，蛮俗生梗瘴疠炎"，天气湿热，毒气、毒虫密布，人
也野蛮相残③。柳宗元用"蓬藋者"说明自己所在的乃是野草
丛生的荒僻之地，游玩则"有蝮虺大蜂"，近水"即畏射工沙
虱"，野外有各种毒虫④。从中可以看出，这是使人毛骨悚然
的荒野。

刘禹锡对于贬地的气候，概括为"寒暑一候"。它不是四

---

① ［唐］韩愈著，马其昶校注，马茂元整理：《韩昌黎文集校注》，上海：上
海古籍出版社，2014年，第640页。
② ［宋］朱熹：《四书章句集注》，北京：中华书局，1983年，第273页。
③ ［唐］韩愈著，马其昶校注，马茂元整理：《韩昌黎文集校注》，上海：上
海古籍出版社，2014年，第168页。
④ ［唐］柳宗元：《柳宗元集》，北京：中华书局，1979年，第801页。

季如春，而是四季如夏，"恢台之气，发于春季，涉夏如铄，逮秋愈炽"，热气自春天开始不断升温以至于"土山焦熬，止水灜沸"①。再加上重重的湿气，不仅使普通物体变质，即使金属也会改变恒性，"地慝而伤物"，"渝色坏味，虽金之恒坚，亦失恒性"②。由湿热产生的气体，使人"生渗"③，"渗气伤百骸"④，"为瘴为瘵"⑤；使飞鸟"翔禽跕堕，呀味垂翅"⑥，奄奄一息。除此之外还有一种叫"瘴烟"的毒气，它的危害同样也很大。可见，单从整体的气候来说，刘氏所在之地，不仅不适合人生存，就连动植物也难免受害。

然而，其他的威胁因素更让人胆战心惊。当地雨势迅猛，

---

① ［唐］刘禹锡：《刘禹锡集》，卞孝萱校订，北京：中华书局，1990年，第7页。
② ［唐］刘禹锡：《刘禹锡集》，卞孝萱校订，北京：中华书局，1990年，第4页。
③ ［唐］刘禹锡：《刘禹锡集》，卞孝萱校订，北京：中华书局，1990年，第6页。
④ ［唐］刘禹锡：《刘禹锡集》，卞孝萱校订，北京：中华书局，1990年，第289页。
⑤ ［唐］刘禹锡：《刘禹锡集》，卞孝萱校订，北京：中华书局，1990年，第6页。
⑥ ［唐］刘禹锡：《刘禹锡集》，卞孝萱校订，北京：中华书局，1990年，第7页。

往往还带有雷电而使"万夫皆废"①。这样一场雷雨交加之后，田野已经被破坏殆尽。不仅如此，当地还"灾火"②频发。火势在风的作用下更猛烈，浓烟甚至遮挡住了日光，"盲风扇其威，白昼曛阳乌"③。面对这种突如其来的如"汹涛""鬼神"④的火势，人为了逃命只能丢掉"百货"，有的甚至"遗双舄"⑤（丢掉鞋子）。侥幸逃生的人也因受惊吓而"心惊视听殊"，虽然保住了性命但生存所需都化为了灰烬，"众烬合星罗，游氛铄人肤"⑥。可以说，当地不仅气候异常，还灾害频发，加之地理情况"群山巃嵸，冈陵靡阤"，"出云见怪，窈蔚森耸"⑦，简直让人难以生存。

---

① ［唐］刘禹锡：《刘禹锡集》，卞孝萱校订，北京：中华书局，1990年，第7页。
② ［唐］刘禹锡：《刘禹锡集》，卞孝萱校订，北京：中华书局，1990年，第290页。
③ ［唐］刘禹锡：《刘禹锡集》，卞孝萱校订，北京：中华书局，1990年，第290页。
④ ［唐］刘禹锡：《刘禹锡集》，卞孝萱校订，北京：中华书局，1990年，第290页。
⑤ ［唐］刘禹锡：《刘禹锡集》，卞孝萱校订，北京：中华书局，1990年，第290页。
⑥ ［唐］刘禹锡：《刘禹锡集》，卞孝萱校订，北京：中华书局，1990年，第290页。
⑦ ［唐］刘禹锡：《刘禹锡集》，卞孝萱校订，北京：中华书局，1990年，第6页。

　　原始环境对于人而言是恶劣的，这不仅仅是环境的问题，也有人自身的原因。人自身的生理特点不具有野外生存的优势。韩愈从人类自身的生理特点出发，发现人类不仅没有外在皮毛的保护，也没有争夺食物的爪牙。在《封建论》中，柳宗元也认识到，人类在自然界中实际上处于劣势地位："草木榛榛，鹿豕狉狉，人不能搏噬，而且无毛羽，莫克自奉自卫。"① 这是说，人不具备动植物那样的自我保护的生理条件。

　　这种对于人类弱势的认识，在世界其他民族中也有体现。有学者指出，"人类在动物面前所具有的优越感在许多古代文化中表现得并不十分强烈，而是与一种自知不如的感觉相混合"②。柏拉图在《普罗塔哥拉》③ 中，讲述了神创造生物的神话，神按照取长补短的原则给生物配上了维持生存的武器，而面对"赤脚裸体，既没有窝巢，也没有防身的武器"的人类，普罗米修斯偷了制造技术和火给人，使人具备了维持生存的手段。可是

---

① ［唐］柳宗元：《柳宗元集》，北京：中华书局，1979年，第70页。
② ［德］拉德卡著：《自然与权力：世界环境史》，王国豫、付天海译，保定：河北大学出版社，2004年，第55页。
③ ［古希腊］柏拉图著，戴子钦译：《柏拉图对话集》，上海：上海译文出版社，2013年，第88—90页。

这些手段只能满足获得生活资料而不足以应对野兽,"结果他们遭到了野兽的杀害"。

从生态哲学的角度看,人类社会形成之前的状态反映了人与自然最原始的关系。人是自然界中的一个生物体,人的生存完全依靠于外界自然环境,而在自然环境中人又是弱势群体。在这种人与自然极为不平衡的状态下,自然是人既依赖又畏惧的对象。这或许是人类最初崇拜自然物的原因。

2. 相"争"的生存方式

人类生存不仅受到自然环境的制约,也受到同类相争的困扰。荀子在探索礼的来源时,就指出人与人在自然状态下是相互争夺的状态。在此,荀子是将人作为生存主体来认识的。在这个层面,人与其他动物一样需要满足生存需求,而且会为此而彼此争夺。

荀子将"善假于物"作为人相对于动物的优势,而认为人与人之"争"源于人有欲求,"人生而有欲,欲而不得……则不能不争"[①]。在荀子那里,"假于物"与"争"之间并没有直接

---

① [清]王先谦:《荀子集解》,北京:中华书局,1988年,第346页。

关系，而柳宗元则得出"假物者必争"的结论。这不仅将荀子"有欲而争"的认识更加具体化，而且还避免了其以"欲"为恶的倾向。柳宗元认为人类的生存技能是在内在生理欲望的驱使和外在环境的刺激下形成的。他指出人为了适应"雪霜风雨雷雹"的外界条件，而学会了"架巢空穴，挽草木，取皮革"；为了维持生命，而"噬禽兽，咀果谷"①。柳宗元指出人与人之间也进行着抢夺生产资料的争斗。

柳氏的"假物者必争"说明了外在环境也是人与人之间关系紧张的一个因素。在他看来，自然状态下的人类处于一种互相厮杀的野蛮状态，"交焉而争，睽焉而斗"②。可以说，人类之初是无异于其他生物的存在，遵循着残酷的生存斗争法则。刘禹锡用"旅者"的例子说明了人在荒野中的生存法则。他指出，在荒野中，休息、喝水"必强有力者先"，"虽圣且贤莫能竞也"③。刘氏将这种依靠力量获得生存资料的生存规则称为"天理"。韩愈则描写了岭南一带的现实情况，"吏民似猿猴"，性

---

① ［唐］柳宗元：《柳宗元集》，北京：中华书局，1979年，第31页。
② ［唐］柳宗元：《柳宗元集》，北京：中华书局，1979年，第31页。
③ ［唐］刘禹锡：《刘禹锡集》，卞孝萱校订，北京：中华书局，1990年，第69页。

格野蛮，"猜嫌动置毒"①。

总之，在韩、柳、刘看来，原始状态下，人与自然以及人与人的关系并不和谐。这与道家对"自然"的设定完全相反，《庄子》中记载，"古者禽兽多而人少"，人"与麋鹿共处"，"耕而食，织而衣，无有相害之心"②。在道家看来，人最初的状态是与自然和谐一体的，人与人之间也不存在争斗。对"自然"的不同认识也导致儒、道两家在圣人观和伦理观方面的分歧。针对道家对圣人和仁义的否定，韩愈直接指出，如果没有圣人的出现，人类"灭久矣"；柳宗元也认为，人类个体无法在自然界中独立生存；刘禹锡指出，人只有通过"群"才能在自然界生存，"以其能群以胜物也"③。

从生态哲学的角度看，韩、柳、刘将人的生存环境做了细分，人面对的不仅是自然环境的威胁，还有同类之间的争夺。人类的生物身份并不能使人走向团结互助，而只会不断地争

———————————

① ［清］方世举撰，郝润华、丁俊丽整理：《韩昌黎诗集编年笺注》，北京：中华书局，2012年，第160页。
② 陈鼓应：《庄子今注今译》，北京：中华书局，1983年，第778页。
③ ［唐］刘禹锡：《刘禹锡集》，卞孝萱校订，北京：中华书局，1990年，第116页。

斗。人为了生存就需要改造自然，而在改造自然的过程中，彼此之间也会发生争夺。在此，人在外界条件面前是被动的，人的能动性是人获得生存的必要条件。儒家认为，作为生存主体的人，如果仅依照动物本能去生存，就会争斗不止、难以存续。把人放在生态系统中，恢复其与万物平等的地位，是当代西方生态哲学提出的纠正人类中心主义错误价值观的重要观点。而在中国儒家传统思维中，人一直是被置于与万物的联系中来认识的，且从自然原始的状态看，人并不优于其他自然物甚至处于劣势。可以说，在将人看作自然界中一员方面，中国传统哲学与西方生态哲学是一致的。而儒家以人为贵的主张，表明其所谓的"人"不是纯生物意义的人，其所谓的"贵"也不是生存层面上的，但人所以为贵的部分却是人得以在自然界立足且存续的条件。儒家认为面对强大的自然界，人的存续还需要集群体的力量来放大人类的能动性。而人能群依靠不是生物本能而是受道德理性的约束。这就是儒家所高扬的人之所贵之处。

（二）作为道德主体的人

韩、柳、刘认为人类相对于其他动物的劣势以及自身之间的斗争只会不断削弱人类的势力。 他们在追溯人类社会的起源时，发现了圣人之"德"对于社会存续的关键作用。 其实，早在儒家推崇的《尚书》中，"德"的重要性就显露出来了，以天命凸显人德之贵是该书的主题之一。 从孔子开始，先秦儒家就致力于将"德"内化于人，孟子和荀子都以"心"为中介，但孟子侧重的是心之情感，以善端作为道德之源，荀子侧重的是心之思虑，以分辨条理作为道德规范。 汉代董仲舒则将人心中的仁义置于宇宙系统中，以"天志""天理"恢复了天的能动性。 韩愈继承了孟子的道德情感论，并提出了性情三品说；刘禹锡延续了荀子的道德秩序论，辨别了"人理"和"天理"；柳宗元虽与董仲舒都选择了以气论说明道德，但董仲舒所谓的天志的作用，在柳氏那里变成了人的认知能力和意志力。 从生存方式上而言，他们肯定了人的道德属性使人具有了超于万物的优势，改变了人与野兽混居、人与人相残的生存状态。

1. 天以人为贵的地位

在儒家哲学中，"天"始终是一个终极意义上的存在，无论作为"天命"还是作为"自然之天"，天总是充当着生命之源和价值之源的角色。作为生存主体的"人"只是万物之一，在这个层面上人甚至是脆弱的生物。《尚书》中的"惟人万物之灵"①说明了人虽是万物之一，却又"灵"于万物。"灵"本义是"巫捧玉舞蹈以降神"②，也就是说，"灵"指的是人有通天的能力，而《尚书》中人君是通过"德"获得天命的，由此可以说，"灵"指的是人有德。先秦儒家将"德"由"天命"内化到了人。孔子虽讲"天生德于予"，但又用"为仁由己"说明"德"的主体是人。孟子仍承认"德"的神圣性来自天，但他提出人可以尽心—知性—知天，存心—养性—事天，即人可通过"修身"来"立命"。荀子指出，人守仁行义而产生的"变化代兴"是天德，但天地不言，人能参天地而治万物。可见，先秦儒家都在努力将带有"天命"权威性和神圣性的"德"内化到人，以此赋予人神圣性。这一目的的达成，先秦儒家是通过将"天""无为化"或者说"自然化"实现的。汉代董仲舒则选择了不同的途径。他论证了人与天同类，天、地、人是万物之本，而天作为人的祖先仍

---

① 李民、王健：《尚书译注》，上海：上海古籍出版社，2004年，第192页。
② 谷衍奎编：《汉字源流字典》，北京：华夏出版社，2003年，第313页。

是高于人的。可以说，先秦至汉代，儒家对"人"的地位的
提升依据都是"德"，而且相对的是"物"。中唐的韩、柳、
刘也延续了这种认识，在人与万物的对比中，突出了人之德
的可贵。

韩愈从人与禽兽的对比中指出人心是人的根本所在，能否
"尽性"是人与人之间的差别，对于现实世界的人而言，有性必
然也会生情。韩氏指出，人位于天地之间，且"人者，夷狄禽
兽之主也"①。即，从天地的视角看，人与动物可以视为同类，但
在人与动物的对比中，人又处于主导地位。韩愈认为人的特殊
性在于人心。他指出，古代的圣人被描绘成牛头、蛇身、鸟喙、
面目狰狞的怪物，但圣人之心决定了其为人而非禽兽。韩愈又
从反面进行了说明，指出虽有人的外貌，但和禽兽之心相同，
那么这不是真正意义上的人。由此，韩愈得出了评价人的标准：
"观貌之是非，不若论其心与其行事之可否为不失也。"②在这个

---

① ［唐］韩愈著，马其昶校注，马茂元整理：《韩昌黎文集校注》，上海：上
海古籍出版社，2014年，第28页。
② ［唐］韩愈著，马其昶校注，马茂元整理：《韩昌黎文集校注》，上海：上
海古籍出版社，2014年，第38页。

标准下，他发现，人"其能尽其性而不类于禽兽异物者希矣"①，即只有很少人能"尽性"而完全不同于禽兽。由此可以发现，人心的差别在于"性"。韩愈认为"性"是人先天具有的，接物就会产生"情"，"性也者，与生俱生也；情也者，接于物而生也"②。他又以情诠释性，指出，"博爱之谓仁，行而宜之之谓义"③，并用"仁义"规定"道德"。可见，韩愈将"性"（仁、礼、信、义、智）、"情"（喜、怒、哀、惧、爱、恶、欲）视为一体并作为人之为人的根本，这与去仁义而言道德的道家和主张灭情见性的佛教不同。

柳宗元主要讨论了"德"与人的关系。他认为人先天具有形成"德"的条件，但"德"最终的形成要靠主体自身的努力。柳氏举了舜能感化泥土而不能感化自己儿子的例子，"知舜之陶器不苦窳为信然。然而舜之德，可以及土泥，而不化其子，何

---

① ［唐］韩愈著，马其昶校注，马茂元整理：《韩昌黎文集校注》，上海：上海古籍出版社，2014年，第38页。
② ［唐］韩愈著，马其昶校注，马茂元整理：《韩昌黎文集校注》，上海：上海古籍出版社，2014年，第22页。
③ ［唐］韩愈著，马其昶校注，马茂元整理：《韩昌黎文集校注》，上海：上海古籍出版社，2014年，第19页。

哉? 是又不可信也"①。他用"不可信"表明了"德"的形成不是外在的感化而是主体自身的自觉。人先天具有成德的条件，这就是天赋的"刚健、纯粹"②之气。柳氏认为，人的尊贵是因为先天具有的刚健、纯粹之气。刚健之气在人那里形成"志"，"志"的作用是"悠久而不息，拳拳于得善，孜孜于嗜学"③；纯粹之气则促成了"明"，"明"的作用是"爽达而先觉，鉴照而无隐"④。在"志""明"的作用下，就可以"备四美而富道德"。由此可知，柳氏所谓的刚健、纯粹之气充当了道德形成的先天条件，"志"是一种可以不断增强的向善的意志力，"明"是一种能自我觉解的认知力。

刘禹锡在人与动物的对比中发现人是能动性最强的群体，人的能动性的发挥靠的是群体的力量，而群体的形成则是能辨是非的"智"在起作用。刘氏认为人是"动物之尤者"。他具体说明了人的能力包括："阳而艺树，阴而掔敛；防害用濡，禁焚用光；斩材鑢坚，液矿硎铦；义制强讦，礼分长幼；右贤尚

━━━━━━━━━━

① ［唐］柳宗元：《柳宗元集》，北京：中华书局，1979年，第847页。
② ［唐］柳宗元：《柳宗元集》，北京：中华书局，1979年，第79页。
③ ［唐］柳宗元：《柳宗元集》，北京：中华书局，1979年，第79页。
④ ［唐］柳宗元：《柳宗元集》，北京：中华书局，1979年，第79页。

功，建极闲邪。"① 在此，刘氏分别从人与自然的关系和人与人的关系两方面说明了人既能"用天之利"，又能"立人之纪"。刘氏将人的职能总结为"治万物"。可见，这其中既包括人改造自然物，也包括为自己立法。刘禹锡认为人之所以能优于动物，在于"以其能群以胜物也"②，进一步说是因为人"为智最大，能执人理"③。在此，智—人理—群是人相对于动物的优势。此外，刘氏还指出，"人之所以取贵于蜚走者，情也"④。可见，对于刘禹锡来说，"智"和"情"是人贵于动物的所在。他认为"情""智"是人与外界接触产生的，"性静本同和，物牵成阻厄"⑤。即人初始的状态是"静"，物和是非扰乱了"静"的状态。尽管这与佛教和道教的看法一致，但刘氏并不否定"情""智"，而是将其看作人的可贵之处，这与佛教主张"去情"和道家主

① ［唐］刘禹锡：《刘禹锡集》，卞孝萱校订，北京：中华书局，1990年，第68页。
② ［唐］刘禹锡：《刘禹锡集》，卞孝萱校订，北京：中华书局，1990年，第116页。
③ ［唐］刘禹锡：《刘禹锡集》，卞孝萱校订，北京：中华书局，1990年，第72页。
④ ［唐］刘禹锡：《刘禹锡集》，卞孝萱校订，北京：中华书局，1990年，第9页。
⑤ ［唐］刘禹锡：《刘禹锡集》，卞孝萱校订，北京：中华书局，1990年，第295页。

张"弃智"完全对立。

　　总之，韩、柳、刘都肯定了人有不同于万物的特殊性，尽管韩愈是从性情上说，柳宗元是从明、志上说，刘禹锡是从智、情上说，但韩愈所谓的性、柳宗元所谓的五常、刘禹锡所谓的人理，其内容最终都可以归为仁、义、礼、智、信之德。纵观儒家贵人传统，孟子强调人有不同于禽兽的"几希"，荀子认为人比动物多出了"义"，董仲舒指出人有万物所没有的"仁义"，可以发现儒家要将人从动物行列中分离出去所做的努力。

　　确立人类的特殊性也是西方哲学家乐于探索的主题之一，有学者总结道："大多数哲学家往往只抓住一个特征，然后对其夸大其词，有时到了荒诞的程度。诸如，人被描述为政治动物（亚里士多德）、会笑的动物（托马斯·威利斯）、会制作工具的动物（富兰克林）、宗教动物（埃德蒙·伯克），以及会烹饪的动物（詹姆士·博斯韦尔，先于列维—施特劳斯）。"① 再看看西方让人啼笑皆非的观点："身体一定要清洁

---

① ［英］托马斯（Thomas, K.）：《人类与自然世界：1500—1800年间英国观念的变化》，宋丽丽译，南京：译林出版社，2008年，第21页。

……裸体就是兽性……男人留长头发是兽性的……夜间工作是兽性的……甚至游泳也是兽性的"①，可见他们对人兽区分的敏感度。最终，笛卡尔完成了人与动物的彻底分离："一个超验的上帝，存在于造物之外，象征精神与自然的分离。人之于动物犹如天之于地，灵魂之于肉体，文化之于自然。在人与野兽之间存在彻底的质的差异"②。可以说，寻求人区别于动物的特殊性是中国和西方哲学家共同努力的方向，但从思维方式上看，中西存在巨大的差异，中国儒家对人的认识始终在天地万物的框架中，而西方自笛卡尔以来采用的是主客二分的思维方式，这种二分模式很容易导致人与自然的决裂；再结合思考的角度，可以发现，中西的差异也很明显，中国儒家的一贯传统是以仁义区别动物，即立足于人的社会属性，而西方则涉及多个方面，其中包括形体和能力方面，这是在自然属性上的比较，而在儒家看来，对自然属性的能力的推崇是把人降到了弱肉强食的野蛮状态。尽管儒家承认人类群

① ［英］托马斯（Thomas, K.）：《人类与自然世界：1500—1800年间英国观念的变化》，宋丽丽译，南京：译林出版社，2008年，第29页。
② ［英］托马斯（Thomas, K.）：《人类与自然世界：1500—1800年间英国观念的变化》，宋丽丽译，南京：译林出版社，2008年，第25页。

体在仁义秩序下，会具有战胜动植物的能力，但是他们并不把力量方面的较量作为人的高贵之处。也就是说，中国儒家思想在实践中会有像西方一样战胜自然的方面，但是这不是儒家认为的人的意义所在，或者说这不是儒家所追求的目标。而且在儒家天地万物的整体思维模式下，人与自然始终是一体的。事实上，在儒家之道所推崇的理想生存状态中，人与自然的和谐是一个很重要的指标。

韩、柳、刘继承了儒家以德为贵的传统，都将德作为人之为人的根本，他们同时信奉孔子所谓的"唯上知与下愚不移"①，即承认德在个体之间存在差异。他们认为圣人是全德的化身，是先知先觉者，正是圣人带领人类走出了相争的困境而转向了相生养的生存状态。"相生养"追求的既是人与人的和谐，也是人与自然的和谐。

2. "相生养"的生存方式

孔子之后，带着天命光环的"德"被内置于人。圣人作为天命之德的载体而具有神圣性。孔子指出圣人很难得，而

---

① ［宋］朱熹：《四书章句集注》，北京：中华书局，1983年，第176页。

只能见到君子①。他认为圣人"博施于民而能济众"②。孟子也认为圣人是能使民众生存无忧的人。他指出在圣人的治理下，粮食如水火一般充足，"圣人治天下，使有菽粟如水火"③。他同时强调，如果只是满足衣食，人和动物仍没有区别，圣人之道的重要意义还在于人伦教化方面，"圣人，人伦之至也"④。荀子则突出了圣人自身的独特性，圣人"知之"⑤"齐明而不竭"⑥。他认为圣人的独特性表现在认知能力方面，他们是"尽伦者"⑦。在此，荀子没有将圣人限制在人伦范围而是用"伦"说明了圣人有对物之理的认知能力。在荀子眼中，建立人道的圣人能把握万物运行的法则是"道之极"⑧的象征。而出自圣人的礼义是人生存的必要条件，荀子指出，"所以养生安乐者莫大乎礼义"⑨。可见，先秦儒家对圣人的认识主要从

① ［宋］朱熹：《四书章句集注》，北京：中华书局，1983年，第99页。
② ［宋］朱熹：《四书章句集注》，北京：中华书局，1983年，第91页。
③ ［宋］朱熹：《四书章句集注》，北京：中华书局，1983年，第356页。
④ ［宋］朱熹：《四书章句集注》，北京：中华书局，1983年，第277页。
⑤ ［清］王先谦：《荀子集解》，北京：中华书局，1988年，第125页。
⑥ ［清］王先谦：《荀子集解》，北京：中华书局，1988年，第33页。
⑦ ［清］王先谦：《荀子集解》，北京：中华书局，1988年，第407页。
⑧ ［清］王先谦：《荀子集解》，北京：中华书局，1988年，第357页。
⑨ ［清］王先谦：《荀子集解》，北京：中华书局，1988年，第299页。

圣人对社会的作用而言，其中也说明了圣人有仁、智等特点，但整体而言，对圣人之为圣人的探究并不深入，或者说圣人与普通人的先天区别并不明显，圣凡差异更多来自后天的努力。与先秦儒家相比，汉代儒家的圣人观则表现出从圣人自身的特点说明圣人不同于凡人的特殊性。王充总结当时儒者的主流看法，认为圣人"前知千岁，后知万世"，"不学自知，不问自晓"[①]，这突出了圣人先天具有无所不知的智慧。在官方修订的《白虎通义》中，甚至突出了圣人的外貌与众不同，其中记载"圣人皆有表异"，"大目""鼻龙伏""骈齿""眉八彩""重瞳子""耳三漏""马喙""臂三肘""四乳"等是对圣人特殊外貌的描写。

中唐韩、柳、刘在谈论圣人时延续的是先秦儒家的圣人观。他们肯定圣人是人，否定了汉代儒家对圣人外貌的夸张描写。他们突出了圣人对于人类社会的意义，并探索了圣人与凡人的区别。与先秦儒家相比，他们从人类社会的起源入手，对圣人在帮助人类克服自然环境的威胁和解决人与人之间的争斗方面

---

① ［汉］王充：《论衡》，长沙：岳麓书社，2015年，第318页。

的作用做了细致的说明。此外，他们还对圣人的来源做了探讨。韩愈的性情三品说、柳宗元的新天爵论和刘禹锡的儒佛圣人论都肯定了先天之质的重要性，同时也肯定了后天努力的必要性。他们认为圣人有着不同于凡人的德行和智慧，不仅引导人类社会摆脱了生存困境，还给人类带来了文明。

韩愈认为，"天之生大圣也不数，其生大恶也亦不数"[1]。他把人的性情分为三品，指出上品为善，中品可善可恶，下品为恶。韩氏认为虽然人的性情是天生不可移的，但是后天的努力仍是有作用的，"上者可教，而下者可制也"[2]。这实际上既说明了圣人的权威，又说明了礼仪规范的必要性，"且五常之教，与天地皆生。然而天下之人不得其师，终不能自知而行之矣"[3]。

柳宗元也认为，"凡天之生物也，不类，精粗纷庞，贤愚

① ［唐］韩愈著，马其昶校注，马茂元整理：《韩昌黎文集校注》，上海：上海古籍出版社，2014年，第35页。
② ［唐］韩愈著，马其昶校注，马茂元整理：《韩昌黎文集校注》，上海：上海古籍出版社，2014年，第24页。
③ ［唐］韩愈著，马其昶校注，马茂元整理：《韩昌黎文集校注》，上海：上海古籍出版社，2014年，第754页。

混同"①，"天之生人，或哲或愚"②。柳氏列举了圣王之德并且赞扬孔子是"覆生人之器者"③。与圣人之仁德形成鲜明对比的是好利之人的贪婪。柳宗元在《蝜蝂传》中描绘了一只贪婪成性的小虫，"行遇物，辄持取"，以至于"卒踬仆不能起"，而"又好上高，极其力不已，至坠地死"。联想到人，柳氏感慨："虽其形魁然大者也，其名人也，而智则小虫也。"④《哀溺文》描写了一个善于游泳却因不舍得丢掉身上的一千钱而溺亡的人。柳氏指出，"夫人固灵于鸟鱼兮，胡昧赀而蒙钩？大者死大兮，小者死小"⑤，揭示了人也有与动物一般的趋利性。

柳宗元从先天禀赋的气的多少来解释圣贤与普通人的差异，"大者圣神，其次贤能"⑥，他反对把圣人看作异类的观点，"慕圣人者，不求之人，而必若牛、若蛇、若俱头之问。故终不能有

---

① ［唐］柳宗元：《柳宗元集》，北京：中华书局，1979年，第1081页。
② ［唐］柳宗元：《柳宗元集》，北京：中华书局，1979年，第1102页。
③ ［唐］柳宗元：《柳宗元集》，北京：中华书局，1979年，第111页。
④ ［唐］柳宗元：《柳宗元集》，北京：中华书局，1979年，第484页。
⑤ ［唐］柳宗元：《柳宗元集》，北京：中华书局，1979年，第507页。
⑥ ［唐］柳宗元：《柳宗元集》，北京：中华书局，1979年，第79页。

得于圣人也"①。他指出圣人与普通人的区别是先天条件和后天努力共同作用的结果,"使仲尼之志之明可得而夺,则庸夫矣;授之于庸夫,则仲尼矣"②。他认为先天的条件是自然产生的,但最终需要人后天的努力,人要"敏以求之","为之不厌","尽力于所及焉"③。圣人先天的优势使他们担负了更大的使命,"役用其道德之本,舒布其五常之质,充之而弥六合,播之而奋百代"④。

刘禹锡认为圣人之道源于宇宙造化,"乾坤定位,而圣人之道参行乎其中"⑤。圣人之道不仅可以辅助君主教化民众,还可以弥补人性的不足,"天生人而不能使情欲有节,君牧人而不能去威势以理。至有乘天工之隙以补其化,释王者之位以迁其人"⑥。刘氏所谓的圣人包括儒和佛。他认为,"儒以中道御群生,罕言性命"。佛教可以弥补儒家的不足,"佛以大慈

---

① [唐]柳宗元:《柳宗元集》,北京:中华书局,1979年,第469页。
② [唐]柳宗元:《柳宗元集》,北京:中华书局,1979年,第80页。
③ [唐]柳宗元:《柳宗元集》,北京:中华书局,1979年,第80页。
④ [唐]柳宗元:《柳宗元集》,北京:中华书局,1979年,第80页。
⑤ [唐]刘禹锡:《刘禹锡集》,卞孝萱校订,北京:中华书局,1990年,第56页。
⑥ [唐]刘禹锡:《刘禹锡集》,卞孝萱校订,北京:中华书局,1990年,第56页。

救诸苦，广起因业"，"佛衣始传，而人知心法"。可见，刘禹锡肯定佛教在安顿人心灵方面的作用。针对统治阶层，他认为"修身而不能及治者有矣"，"未有不能自己而能及民者"①，即统治阶层仅修己身而不施于实事，当地的治理工作未必能做好，但自己都不能管理自己的人定不能治理好民众。刘氏虽然强调修身的重要性，但他并不以修身为目的，而是最终要运用到国家治理层面。从这个方面说，刘禹锡还是站在了儒家治世的立场。

韩愈指出儒家圣人之道注重君臣父子之序、相生相养之道，不同于佛道的"清净寂灭"之道。对于道教让人离开父母，隔绝尘世，以修得成仙的做法，韩愈反驳道："莫能尽性命，安得更长延？"他认为圣人的相生养之道才是世人应该采用的生活方式，"人生有常理，男女各有伦。寒衣及饥食，在纺绩耕耘。下以保子孙，上以奉君亲"②。此外，韩愈还从心性修养方面指出，儒家也讲正心诚意，但其最终要齐家、治国、平天下，而

①　[唐] 刘禹锡：《刘禹锡集》，卞孝萱校订，北京：中华书局，1990年，第124页。
②　[清] 方世举撰，郝润华、丁俊丽整理：《韩昌黎诗集编年笺注》，北京：中华书局，2012年，第7页。

佛教则完全不同，其专注于修养身心而抛弃了国家，丢掉了人伦，"今也欲治其心，而外天下国家，灭其天常"①。可见，儒家的个人是与家庭、社会相连的，个人的内在修养与外在社会担当是一致的，而佛道则是立足于个人内心的修养以达到个体升华的境界。

针对道家提出的"圣人不死，大盗不止；剖斗折衡，而民不争"②，韩氏认为如果没有圣人的出现，人类早就灭亡了。圣人使人类按照一定的秩序生存，这才使人能够改造自然，也避免了人与人之间的争斗。韩氏将圣人创建的生存方式称为"相生养之道"。圣人通过等级秩序建立人类群体，"为之君，为之师"，以群体的力量"驱其虫蛇禽兽"，争得了生存空间；圣人还传授了抵御风寒、避免饥饿、居住舒适的方法，"寒然后为之衣，饥然后为之食。木处而颠，土处而病也，然后为之宫室"③；为了满足物质生活所需，"为之工，以赡其器

① ［唐］韩愈著，马其昶校注，马茂元整理：《韩昌黎文集校注》，上海：上海古籍出版社，2014年，第18—19页。
② ［唐］韩愈著，马其昶校注，马茂元整理：《韩昌黎文集校注》，上海：上海古籍出版社，2014年，第17页。
③ ［唐］韩愈著，马其昶校注，马茂元整理：《韩昌黎文集校注》，上海：上海古籍出版社，2014年，第17页。

用；为之贾，以通其有无；为之医药，以济其夭死"①；为了满足情感所需，"为之葬埋祭祀，以长其恩爱"，"为之乐，以宣其湮郁"②；为了保证社会秩序，"为之礼，以次其先后"；"为之政，以率其怠倦"；"为之刑，以锄其强梗"；为了避免争夺，"为之符玺、斗斛、权衡以信之"，"为之城郭甲兵以守之"③。

柳宗元认为"智而明者"的圣人使人类走出了"争而不已"的野蛮状态。他指出，从黄帝到尧帝再到舜帝，逐渐建立的"大公之道"，使人类走出了生存困境。在此，社会是作为维持人类生存的手段而成立的。圣人是"智而明""能断曲直者"，他们的作用就是设立了社会得以成立的必要准则。柳氏认为，"孔子自以极生人之道"④。这表明柳宗元将"生人"作为孔子所传承的尧舜之道的宗旨。柳氏认为孔子之后其术分裂，而后出

① ［唐］韩愈著，马其昶校注，马茂元整理：《韩昌黎文集校注》，上海：上海古籍出版社，2014年，第17页。
② ［唐］韩愈著，马其昶校注，马茂元整理：《韩昌黎文集校注》，上海：上海古籍出版社，2014年，第17页。
③ ［唐］韩愈著，马其昶校注，马茂元整理：《韩昌黎文集校注》，上海：上海古籍出版社，2014年，第17页。
④ ［唐］柳宗元：《柳宗元集》，北京：中华书局，1979年，第460页。

现的佛教"推离还源，合所谓生而静者"①。他认为佛教和儒家对
社会发展的认识是一致的，"自有生物，则好斗夺相贼杀，丧其
本实，悖乖淫流，莫克返于初"②。佛教和儒家的圣人就是教化人
类回归人性最初的静。他反对道教求肉体长生的做法，认为所
谓长生只是肉体长生，就像木石一般，不是人之道。"今将以呼
嘘为食，咀嚼为神，无事为闲，不死为生，则深山之木石，大
泽之龟蛇，皆老而久，其于道何如也？"③而且道教的"长生"
是针对个人的，而不像儒家倡导的使民获生，乃至使万物生。
柳氏认为道教的长生是对社会无意义的利己行为，"昧昧而趋，
屯屯而居，浩然若有余，掘草烹石，以私其筋骨而日以益愚，
他人莫利，己独以愉。若是者愈千百年，滋所谓夭也，又何以
为高明之图哉？"④

　　韩愈从个人和社会、身和心、生和死、神和鬼等各个层面
说明了儒家之道所能达到的效果，"以之为己，则顺而祥；以之
为人，则爱而公；以之为心，则和而平；以之为天下国家，无

---

① ［唐］柳宗元：《柳宗元集》，北京：中华书局，1979年，第150页。
② ［唐］柳宗元：《柳宗元集》，北京：中华书局，1979年，第150页。
③ ［唐］柳宗元：《柳宗元集》，北京：中华书局，1979年，第656页。
④ ［唐］柳宗元：《柳宗元集》，北京：中华书局，1979年，第840页。

所处而不当。是故生则得其情，死则尽其常；郊焉而天神假，庙焉而人鬼飨"①。他还从反面说明了人道乱对万物造成的影响，"人道乱，而夷狄禽兽不得其情"②。可以说，儒家之道立足于现实世界，涉及对人内心的观照，对外部世界的关切，以及对世俗信仰的保留。

总之，韩、柳、刘认为在人类社会建立之初，人与万物共生，人依赖外在自然环境的同时也遭受着环境的威胁。圣人带来了秩序，使人脱离了互相争斗的野蛮状态，形成了相互协作的生活方式。儒家之道的宗旨可以概括为"生生"，但它是集体意义上的生，对于致力于践行儒家之道的人而言，它使民得以生存，乃至使万物得以生存。这是儒家对人的存在意义的认识。在这个意义上，韩、柳、刘都反对道教以个人成仙为目的的利己之道。对于佛教，韩愈也持反对态度，认为佛教背弃人伦，使君、臣、民脱离了自己的社会职责，而柳、刘则承认佛教在安顿人心灵方面的作用。

———————

① ［唐］韩愈著，马其昶校注，马茂元整理：《韩昌黎文集校注》，上海：上海古籍出版社，2014年，第20页。
② ［唐］韩愈著，马其昶校注，马茂元整理：《韩昌黎文集校注》，上海：上海古籍出版社，2014年，第28页。

由上可知，对于生存层面的人，韩、柳、刘的看法大致相同，他们都从历史的视角描述了人类之初的自然存在状态，指出人类维持生存需要从外界获得衣食原料，在自然界中，与其他动物相比，人类并不具有生存优势，为了获得生存，血腥的争斗是不可避免的。

对于作为道德主体的人，韩、柳、刘虽然侧重点不同，但总体认识还是一致的。韩愈认为"夷狄禽兽皆人"，而人为主，人道乱，则万物不得其情。他指出圣人采用"一视同仁"的原则维持人道。从中可以看出，韩愈是从道德和责任主体的角度说明了人的重要使命。柳宗元从气的层面说明了人的可贵之处在于其禀赋的是"刚健纯粹"之气，这种气使人能辨明道德并坚持道德。气源于天，而道德则是人独有的。在此，柳氏将孟子的天赋道德说做了创造性改造。刘禹锡认为人是"动物之尤者"，能"用天之利，立人之纪"。人既能利用自然规律改造自然又能制定人类社会的规则。刘氏将人类的秩序称为"人理"，其实质就是一种道德约束。可见，刘禹锡不仅看到了人的道德属性，还突出了人的实践能力。尽管韩、柳、刘对人的关注点不同，但他们一致认为人是一种有别于万物的存在，突出了人的道德属性，指明了人的价值追求，并将有序的社会作为人类延续的保障。他们同时看到了现实中的人，虽然在某种程度上脱离了自然状态，但仍然是"逐利"与"谋道"并存、贤愚相混的状态，社会也是有序与无序的交替。

从生态维度看，韩、柳、刘对人的认识涉及人在自然的位置以及人存在的意义问题。从自然的层面看，人无非是大自然中努力寻求生存的无数生物中的一种，人类之初的存在状态与普通动物的存在状态无异。人摆脱自然状态意味着人从弱肉强食的野蛮状态走向了人类文明，在这一过程中，他们都认为圣人起到了关键的作用。这种圣人观不单是对圣人的崇拜，也是对人性自身就具有神圣性的认可。对人的这种定位决定了人存在的意义不再是为求一己私利，而是参与宇宙造化。

吾淳先生曾从宗教天命观和自然天道观两条路线论述过三代至春秋的天人观发展进程。他指出，宗教天命观和自然天道观更多的是彼此交织，相比较而言，宗教天命观呈衰微趋势而自然天道观则逐渐兴盛。另外，宗教天命观被赋予道德属性后，人的理性开始发展，天命取决于人的认识也使得无神论得以出现①。其实，在生态视角下，宗教天命和自然天道都是对天的一个认识。天作为认识对象，首先进入人类视野的应该是人所见所感的形体和功能。或者说，天本是一个天，宗教天命说明的是天与社会治乱、人生福祸的关系，而自然天道说明的则是天与人的生存关系。由此可见，春秋末年以前的天人观实际上探讨的是自然环境与人的存在状态的关系。天是高高在上的苍穹，是风雨雷电各类天气变化的根源所在。"天神"信仰说明了当时的人类对自然力的认识和抵御力极低，而天的变化对于人的影响很大甚至关乎生死。这时的"神"意味着未知的自然力，或者说是尚未被掌握的自然界的变化规律。从中可以发现，人们能切实感受到天地环境的变化对于自身生存的意义，即人们的认识中包含着将天地人作为整体系统的看法。但最初这种联系仅仅是立足于生存经验而得出的外在的生存关联，反映的是人对外在环境的依赖。先秦儒家的主要工作就是淡化天命观而以自然天道论说明天对于人的意义。同时，将人从天命的掌控中解放出来，使人的能动性得到认识。汉代儒家以宇宙

---

① 吾淳：《春秋末年以前的宗教天命观与自然天道观》，《中国哲学史》，2009年，第4期，第57页。

论为基础, 把先秦儒家以经验为基础的天人比附关系转化成了天人整体系统。天人感应就是对宇宙系统的内在运行模式的说明。这个能相互感应的天人系统, 不仅说明了天 (自然) 对于人的意义, 也说明了人对于天 (自然) 的影响。但汉代儒家给这个自然系统注入了意识, 致使先秦儒家努力淡化的天命又以新的身份出现。整体而言, 中唐儒家天人观就是在改造汉代儒家天人感应论的基础上, 对先秦儒家 "天人合德" 论进行的新诠释。

综上所述, 韩、柳、刘对天和人的认识都是立体多面的, 而一个总的前提是天和人是处于一个整体系统的存在。在他们眼里, 天是高大的苍穹, 有一定的运行秩序, 是万物生存的必要条件。他们同时承认, 天在社会生活中是威严的天命, 它有道德判断能力, 还能降福祸。韩、柳、刘认为人既是万物之一, 也是万物之贵, 人既有与其他生存主体一样的生存需求, 也有不同于其他生存主体的价值追求, 人与万物以及人与人之间的差别不在于维持生存的生理需求, 而取决于对自身道德的觉悟能力, 他们认为人先天的资质和后天的努力造成了人贤愚的差别。圣人是人类之中最有灵性者, 他们担负着启迪和教化众人的使命。在儒、道、佛三家互动共存的思想文化背景下，中唐儒家代表韩愈、柳宗元、刘禹锡为了复兴儒学，对作为儒家哲学基础的天人观进行了讨论。他们都以先秦儒家为模范，继承了先秦儒家重视人道的传统。在他们之间展开的"天人之辨"则显示了他们对于汉代流行的天人感应的不同态度。韩愈试图将天人感应自然化，既否定天有意识地干预人事，又肯定天与人事之间有相互影响的感应关系。柳宗元承认天人感应的教化意义，但他否定天是主宰者，一方面通过气论解释自然现象和人的道德，来否定神对人事的主宰作用；另一方面又从价值层面重申圣人效法天道设立人道的意义。刘禹锡则从自然和法治两个方面说明了天命观的来源，在此基础上，他从功能方面论证了天之生与人之治的交相胜关系。

第三章

韩愈生态观的建构

　　韩愈生态观的哲学基础就是儒家的天人合一观。此时的天人合一是以天人感应的形式呈现的，其中又有自然元气论的成分。韩愈"元气阴阳坏而人生"的生态观就是在继承汉代天人感应的基础上对天人关系做出的新说明，这既从本原上说明了天人一体，也对现象层面的天人矛盾做出了解释。韩愈同时保留了浓厚的天命观念，他以天来警示人的德行，在实践层面带有宗教性，而其思想内核则在于其对儒家仁爱的发展。从德性论的角度看，韩愈以博爱释仁，将人类的行为置于天地系统中，并将人引起的天地变化作为衡量人类行为的一个标准。在继承儒家高扬人的道德主体性传统的基础上，韩愈提出了"病乎在己"的修养功夫，强调仁义内在于人，是否行仁义完全取决于人自身的选择。由此，社会实践层面的带有宗教性的戒律，转化为了内在的道德自律。韩愈推崇的圣人就是能自觉做到对待万物"一视而同仁"的人。这是一种道德境界，也是人与万物和谐共生的一种状态。

第一节 "元气阴阳坏而人生"的生态整体论

韩愈生态观的哲学基础就是天人观。在韩愈、柳宗元、刘禹锡之间展开的"天人之辨"中，韩愈天人观所侧重的是价值之天和生存史中的人类。为了说明人与天之间的联系和冲突，韩氏以天人感应的方式对天人关系做出了说明。正是因为其基础是天人感应，所以韩氏所谓的冲突是天人整体系统中的对立或者矛盾，其要表明的就是天人之间相互影响之深。

一、上天不虚应，祸福各有随

韩愈继承了汉代天人感应思想，他认为人与天之间能相互感应。 这种感应在现象层面表现为自然环境变化对生物生存状态的影响。 在韩愈对天与人以及其他生物之间感应关系的说明中，天、地、人、物始终是同一系统内的构成元素，它们之间相互联系、相互影响。 天人感应所反映的不仅仅是人对自然的认识，也是人对人与自然这一体的认识。 对于自然的认识可称为自然观，对于人与自然一体系统的认识则是生态观。 韩愈并非致力于对生态体系做出科学说明的生物学家，他所做的是将客观现象与价值取向相贯通的传道工作。

韩愈将自然界的变化与人的德行相联系。 他以自然界的风调雨顺来赞扬皇帝的仁德。 在《元和圣德诗并序》中，韩氏用"并包畜养，无异细巨""多麦与黍""无召水旱，耗于雀鼠"等表述来说明"王者必为天所相"①，即作为天地代言人的皇帝对人类及自然万物的恩德。 这所谓的天德就是对自然界孕育生命这一现象的赞扬，也是对《周易》所赞扬的天地生生之德的一种诠释。

---

① ［唐］韩愈著，马其昶校注，马茂元整理：《韩昌黎文集校注》，上海：上海古籍出版社，2014年，第696页。

子育亿兆，视之如伤，可谓体仁以长人矣；喜怒以类，刑赏不差，可谓发而中节矣；明照无私，幽隐毕达，可谓无所不通矣；发号出令，云行雨施，可谓妙而无方矣；三光顺轨，草木遂长，可谓经纬天地矣；……风雨以时，祥瑞辐凑，可谓先天而天不违矣；国内无饥寒，四夷皆朝贡，可谓道济天下矣。①

勤身以俭，与物无私，威怒如雷霆，容覆如天地。②

韩氏对皇帝最高的赞扬往往与天地孕育万物的功能相联系，天地孕育万物的功能则被视为天地之德、皇帝之仁的体现。皇帝以其自身的修养与天地贯通，将其仁爱之心通过日月风雨的顺时运转来施予人与万物。在此，和顺的自然现象被赋予了价值内涵，被作为人君德性的外在指标。自然现象不是纯粹客观的现象，它是人类德性的一种反映。自然的孕育功能是仁，自然的均匀施化是无私，自然的雷霆是威严，自然的广大就是宽

---

① ［唐］韩愈著，马其昶校注，马茂元整理：《韩昌黎文集校注》，上海：上海古籍出版社，2014年，第693页。
② ［唐］韩愈著，马其昶校注，马茂元整理：《韩昌黎文集校注》，上海：上海古籍出版社，2014年，第669页。

广的胸襟。

在韩愈看来，宰相的作用也是与天地造化相关联的。

臣闻宰相者，上熙陛下覆焘之恩，下遂群生性命之理，以正百度，以和四时，澄其源而清其流，统于一而应于万。毫厘之差，或致弊于寰海；晷刻之误，或遗患于历年。①

宰相的行为规范不仅取法于性命之理，还依据于天地四时的运转规律。因此，丝毫的差错都会造成巨大的影响。

韩愈对于天地运行与人类（主要指统治者）活动之间的相互作用也有形象的说明。他指出人的活动可以影响天，使"龙神效职，雷雨应期"，天的变化反过来又影响万物以及人的生存，在风调雨顺的情况下，"嘉谷奋兴，根叶肥润，抽茎展穗"，故而"人和年丰"②。这种对天地人之间相互作用的认识在当时是一种共识性的认识，只是这种常识性的生活经验因突出君权的

---

① ［唐］韩愈著，马其昶校注，马茂元整理：《韩昌黎文集校注》，上海：上海古籍出版社，2014年，第666页。

② ［唐］韩愈著，马其昶校注，马茂元整理：《韩昌黎文集校注》，上海：上海古籍出版社，2014年，第708页。

作用而被神化，因说明人类在宇宙中的地位而被价值化。这些
认识所反映的是农耕社会的人类对自身的认可以及对自然环境
的高度依赖。

正是在认识到人与自然之间相互影响的基础上，世人相
信人与自然神之间能够沟通。因此，就有了逢风调雨顺、五
谷丰登就赞扬人德，遇自然灾害就追究人过失的行为现象。
韩愈所指出的"上天不虚应，祸福各有随"①就是要说明人类
行为的好坏直接影响自然环境的好坏，调节二者关系的方式
则是祭祀活动。祭祀活动虽然有各种规范，但其核心是人的
德性。

二、元气阴阳之坏，人由之生

天人感应虽带有道德说教的性质，但其基础却是对自然整
体系统的认识。其所谓的天具有自然属性。有西方学者指出，

---

① ［清］方世举撰，郝润华、丁俊丽整理：《韩昌黎诗集编年笺注》，北京：
中华书局，2012年，第53页。

中国对天人关系的认识与西方对上帝与造物关系的认识是不同的。

也许最大的差别是，在前现代中国，根本不存在一个在基本性质上有别于自然的超验造物主上帝这一观念。中国人以五花八门的方式表达了对一位天神（a supreme god）的看法，这即是"天神崇拜"（hypatotheism），而且，正如我们所理解的，他们也认为存在一个有点类似造物主的"演化者"（transformer）在不断地改造着宇宙。他们也构想出了抽象的形式，要么是不同类型实体所固有的道德——物质之理，要么是既体现又指示位置先后的动态模式。但是这些都无一提到西方人所说的神造天地问题……它们也未涉及西方人所喋喋不休的宇宙目的、终极原因或目的论等若干问题。①

中国哲学中的天虽然有多层含义，但最基本的含义是与自然相关的，或者说其他含义都或多或少地能从人与自然层面得

---

① ［英］伊懋可：《大象的退却：一部中国环境史》，梅雪芹、毛利霞、王玉山译，南京：江苏人民出版社，2014年，第9页。

到解释。 韩愈在颂扬皇帝的功德时，所用的近乎神化的描述无非是对大自然造物过程的想象，在对皇权的恭维中隐含着对大自然造物的崇拜。 更相似的是人有善恶，自然之天也有阴晴风雨的变幻，所以在颂扬天的生生之德的同时，天与人之间的冲突也得到了合理的解释。 因此，在韩愈的各类祈求天气变化的祭文中，都可以看到他对人类自身过错的反思。 在此，所谓的天人感应已不仅仅停留在思想层面，更是切实融入生活实践中。

乔清举教授曾对儒家的祭祀文化做过解读，他指出："儒家文化是自然祛魅之前的文化，对于自然，它还保留着神性或神意的看法。"① 一些动物如龟、凤、麒麟等因被视为灵兽而受到保护，日月山川和某些动物因与农业生产关系密切而被作为祭祀的对象。 这些做法虽然都与人类自身的生存相关，但确实起到了对某些动植物保护的作用。 然而，这其中的冲突也是明显存在的。 一方面是对大自然带有宗教性的崇拜，另一方面又是对自然的改造与利用。 以宰杀动物的方式献祭大自然就是这种冲

---

① 乔清举：《论儒家的祭祀文化及其生态意义》，《现代哲学》，2012年，第4期，第93页。

突的呈现。而仅仅从生存层面看，人类活动对于自然的破坏性
是无法遮掩的。

韩愈就指出了在生存层面上人与自然之间的冲突。柳宗元
《天说》中转述了韩愈的天人观：

夫果蓏、饮食既坏，虫生之；人之血气败逆壅底，为痈
疡、疣赘、瘘痔，虫生之；木朽而蝎中，草腐而萤飞，是岂不
以坏而后出耶？物坏，虫由之生；元气阴阳之坏，人由之生。
虫之生而物益坏，食啮之，攻穴之，虫之祸物也滋甚。其有能
去之者，有功于物者也；繁而息之者，物之仇也。人之坏元气
阴阳也亦滋甚：垦原田，伐山林，凿泉以井饮，窾墓以送死，
而又穴为偃溲，筑为墙垣、城郭、台榭、观游，疏为川渎、沟
洫、陂池，燧木以燔，革金以镕，陶甄琢磨，悴然使天地万物
不得其情，倖倖冲冲，攻残败挠而未尝息。其为祸元气阴阳
也，不甚于虫之所为乎？吾意有能残斯人使日薄岁削，祸元气
阴阳者滋少，是则有功于天地者也；繁而息之者，天地之仇
也。今夫人举不能知天，故为是呼且怨也。吾意天闻其呼且

怨, 则有功者受赏必大矣, 其祸焉者受罚亦大矣。①

　　韩愈根据生活中果蔬坏而虫生, 人的血气阻塞而病生的经验, 推出"物坏, 虫由之生"的结论。以此为前提, 他得出了"元气阴阳之坏"而人生的结论。韩愈又根据虫与物之间"虫之生而物益坏"的利害关系, 站在物的立场上得出"其有能去之者, 有功于物者也; 繁而息之者, 物之仇也"。即能为物消灭虫的是在帮助物, 而促进虫生长繁衍的就是在危害物。同理, 他认为人与元气阴阳的关系也类似于虫与物的关系。他指出人类的行为如垦田、伐林、凿井、窾墓等, 都是像虫一样破坏元气阴阳的行为, 在人类"攻残败挠"的破坏下导致"天地万物不得其情"。由此, 站在天地阴阳的角度, 韩愈得出"有能残斯人使日薄岁削, 祸元气阴阳者滋少, 是则有功于天地者也; 繁而息之者, 天地之仇也"。即能削减人类的, 就是自然界的功臣, 使人类大量繁衍的就是自然界的仇敌。至此, 韩愈从天地的角度说明了对人类有功的人也是对自然有害的人。韩愈在

---

① ［唐］柳宗元:《柳宗元集》, 北京: 中华书局, 1979年, 第442页。

此所谓的天是带有自然色彩的，代表着自然的本然状态。他所谈论的天人关系是生存层面上的人与自然的关系。在此，人的生存所需都是从自然中索取的，对于被索取者而言，人类的生产行为就是一种破坏活动。即在生存层面人对自然的依赖性，也是对自然的破坏性。

韩愈将人事的福祸与天的赏罚相联系是与当时的教化模式相通的，但是其将行善遭罚、行恶受赏作为规范，则与当时的价值观相违背。无怪乎，柳宗元称其言论是不足为信的过激之言。虽然这是韩愈的气话，是对当时社会价值扭曲的批判，但他所依据的人与自然在生存层面的冲突是有道理的。撇开对人事善恶的评判，韩氏的"元气阴阳之坏，人由之生"确实说明了人生于而又食于自然的现象。相对于自然孕育的其他生物而言，人类的能动性及其欲望都是巨大的，因此其对自然的破坏也是最显著的。如果单纯地将人类看作地球上的寄生虫，那么人类所引以为傲的创造无非是破坏地球的证据。生态主义走向极端的宣言或许是"人类是最大的污染"。但是，韩愈不是。他的过激言论只是说明了他对人与自然在生存层面的冲突有所察觉。

三、圣人之德，与天地通

对于信仰圣人之道的儒者而言，人类存在的意义是不容忽视的。突出人的地位与作用是儒家区别于佛、道的一个显著特点。韩愈在论述人与自然的冲突中批判了人类的某些实践活动对于自然的破坏，但实际上他更高度赞扬了人类在天地间的作用。

韩愈将人与天、地并提，突出人在宇宙中的地位。韩愈在《原人》中写道：

形于上者谓之天，形于下者谓之地，命于其两间者谓之人。形于上，日月星辰皆天也；形于下，草木山川皆地也；命于其两间，夷狄禽兽皆人也。曰："然则吾谓禽兽人，可乎？"曰："非也。指山而问焉，曰：山乎？曰：山，可也；山有草木禽兽，皆举之矣。指山之一草而问焉，曰：山乎？曰：山，则不可。"天道乱，而日月星辰不得其行；地道乱，而草木山川不得其平；人道乱，而夷狄禽兽不得其情。天者，日月星辰之主也；地者，草木山川之主也；人者，夷狄禽兽之主也；主而暴之，不得其为主之道矣。是故圣人一视而同仁，笃近而举远。①

　　韩愈区分了天、地、人的范围，从空间方位上指出天是"形于上者"，它包括运行其中的"日月星辰"；地是相对于天的"形于下者"，地表覆盖物包括"草木山川"都是地；人就是处于天地之间者，包括"夷狄禽兽"。在区分的基础上，韩愈进一步明确了天、地、人的职责，天道的秩序影响星体的运行；地道的秩序影响草木山川的状态；人道的秩序影响有情之物的状态。在这种划分中，韩愈也说明了自然规律与人事之间的区别。他在《孟东野失子并序》中指出：

　　天曰天地人，由来不相关。吾悬日与月，吾系星与辰。日月相噬啮，星辰蹜而颠。吾不汝之罪，知非汝由因。且物各有分，孰能使之然？②

---

① ［唐］韩愈著，马其昶校注，马茂元整理：《韩昌黎文集校注》，上海：上海古籍出版社，2014年，第28页。
② ［清］方世举撰，郝润华、丁俊丽整理：《韩昌黎诗集编年笺注》，北京：中华书局，2012年，第342页。

韩愈认为天、地、人各有各的运行规律，在这个层面上，它们是不相干涉的。他指出天是日月星辰的载体，如果星体运转失常，这是天自身的问题而非人的过错。这与韩愈对待祭祀的态度也有相吻合之处。韩愈会虔诚地去祭祀，但是他也会威胁鬼神。他认为自然环境的好坏不仅会作用于人和自然物，也会反作用于掌管自然的鬼神。他以略带威胁的口吻指出，"以时赐雨，使获承祭不怠，神亦永有饮食"，反之，"人将无以为命，神亦将无所降依"。这是在反思了人类的过错之后，对于一再祈求仍不回应的自然神的一种威胁。这都表明祭祀活动最终是劝人向善的一种教化方式。对于人与自然之间的相互联系与区别，古人是有清醒认识的。

对于人与自然界之间关系的最好说明，莫过于人类与自然相互作用的发展史。韩愈作为儒家代表，他立足于人道，对人与自然之间相互作用的发展史做出了说明。

古之时，人之害多矣。有圣人者立，然后教之以相生养之道；为之君，为之师，驱其虫蛇禽兽而处之中土。寒然后为之衣，饥然后为之食。木处而颠，土处而病也，然后为之宫室。为之工，以赡其器用；为之贾，以通其有无；为之医药，以济其夭死；为之葬埋祭祀，以长其恩爱；为之礼，以次其先后；为之乐，以宣其湮郁；为之政，以率其怠倦；为之刑，以锄其强梗。相欺也，为之符玺、斗斛、权衡以信之；相夺也，为之城郭甲兵以守之。害至而为之备，患生而为之防。

如古之无圣人，人之类灭久矣。何也？无羽毛鳞甲以居寒热也，无爪牙以争食也。是故君者，出令者也；臣者，行君之令而致之民者也；民者，出粟米麻丝，作器皿，通货财，以事其上者也。君不出令，则失其所以为君。臣不行君之令而致之民，民不出粟米麻丝，作器皿，通货财，以事其上，则诛。……

夫所谓先王之教者，何也？博爱之谓仁，行而宜之之谓义。由是而之焉之谓道。足乎己无待于外之谓德。其文诗书易春秋，其法礼乐刑政，其民士农工贾，其位君臣父子、师友宾主、昆弟夫妇，其服麻丝，其居宫室，其食粟米果蔬鱼肉。其为道易明，而其为教易行也。是故以之为己，则顺而祥；以之为人，则爱而公；以之为心，则和而平；以之为天下国家，无

所处而不当。是故生则得其情，死则尽其常；郊焉而天神假，

庙焉而人鬼飨。①

立足于历史事实，韩愈说明了自然界作为人类的栖息地，
是人类生存的根本保障；同时，人类的生存发展史也是人类改
造自然的历史。自然界是人类的栖息地，但是最初的自然对于
人类而言并不是乐园，它充斥着各种危险。人类不仅要躲避猛
兽的袭击，还要经受住各类恶劣天气的破坏。如果没有改造自
然的智慧，那么作为一种既无皮毛防御又无爪牙攻击的弱势生
物，人类是难以延续的。

人类较原始的生存状态在当时社会中仍然存在，这些荒凉
之地因其不利于人类生存而被作为流放犯人的地方。韩愈被贬
谪的地方都是呈荒野状态的，从他对被贬地恶劣环境的描写中
可以看到环境对当地人生存状态的影响。

韩愈描写了连州阳山（今位于广东省清远市中部）和潮州
（今广东省潮州市）的恶劣环境。他指出阳山县不仅地理环境

---

① ［唐］韩愈著，马其昶校注，马茂元整理：《韩昌黎文集校注》，上海：上
海古籍出版社，2014年，第17—20页。

险峻，猛兽出没，而且水流过急往往使人丧生，"陆有丘陵之险，虎豹之虞；江流悍急，横波之石廉利侔剑戟，舟上下失势，破碎沦溺者往往有之"①。在这种环境下，"县郭无居民，官无丞尉"②，只有在沿江的荒野之中住着的十几户小吏。韩愈也描写了潮州的自然环境，"瘴毒"弥漫、"雷电"常现、"鳄鱼"凶残、"飓风"狂作③。在这种环境下能活着回来的人很少。对于生活在地理环境相对优越的人，韩愈则记载了水旱之灾对当地百姓生存的影响。他描写了百姓遭受饥荒的惨状，"有弃子逐妻以求口食；拆屋伐树以纳税钱；寒馁道途，毙踣沟壑"④。在此，自然灾害不仅对人的生存造成危害，而且反过来也加深了人对自然的破坏。

圣人就是人类智慧的代表。韩愈指出圣人教会了众人通过相互协作来改造自然的本领。人类通过协作驱赶了猛兽，划定

①　［唐］韩愈著，马其昶校注，马茂元整理：《韩昌黎文集校注》，上海：上海古籍出版社，2014年，第298—299页。

②　［唐］韩愈著，马其昶校注，马茂元整理：《韩昌黎文集校注》，上海：上海古籍出版社，2014年，第299页。

③　［清］方世举撰，郝润华、丁俊丽整理：《韩昌黎诗集编年笺注》，北京：中华书局，2012年，第579页。

④　［唐］韩愈著，马其昶校注，马茂元整理：《韩昌黎文集校注》，上海：上海古籍出版社，2014年，第655页。

了属于人类的生存圈。人类通过改造和利用自然物质来抵御天气变化所造成的危害。有了衣服和房屋，人类就能抵御严寒和风雨；有了种植技术，人类就可以免于挨饿；有了生产工艺和交换秩序，人类的生活变得更方便；有了医药知识，人类可以对抗疾病；有了埋葬祭祀的规定，人类懂得了对生命的尊敬和珍爱；有了礼的规范，人类的行为便有了秩序；有了音乐，人类可以宣泄内在的情感；有了管理部门和刑罚手段，人类的行为得到约束；为了防止欺骗和攻击行为，圣人创制了度量的器物和防御的城墙与兵器。在韩愈看来，圣人之道不仅规范了人类活动的秩序，还教会了人类生存之道。如果没有圣人的教导，人类是无法存续的。在此，集人类智慧于一身的圣人更是人类行为的楷模。

总之，在天人感应的认识系统下，韩愈的天人观是多层面的。他既从教化层面说明了人类行为与自然变化之间的感应关系，这是带有宗教性的人与自然神的感通关系；又从生存层面说明了人类与自然之间的冲突，这是从自然的立场看到的人类行为与自然原貌的冲突关系。韩氏还从运行规律方面说明了人类与自然之间的不同，这是人类职责与自然功能之间的相分关系；最后他立足人与自然相互作用的发展史，从实践的角度指出了人类对自然的依存与改造。在韩愈那里，对天人相合、相对、相分的认识都是以天人同一系统为前提的。而其要宣扬的是人类行为要以仁德为准则，只有这样才能与天地之德相契合，才能带来风调雨顺和安居乐业，这是圣人引导人类延续生存的智慧，如果违背这种原则，就会带来灾异。对于自然灾害的认识，韩愈既有宗教性的说明，也有立足历史事实的依据。对于应对自然灾害的措施，韩愈在追究人失职之责的同时，也从减免赋税等制度层面提出了建议。总之，在天人感应的框架下，韩愈对人与自然的相互作用有深刻的认识。

第二节 "博爱之谓仁"的生态德性论

　　天人感应不只是对现象世界的说明，还有对人类道德的规定。人与天感应的纽带就是德。人的德性符合天道，那么天人系统就能良性发展；反之，天人系统就会紊乱。在此，人的能动性得到充分认可，人是影响天人系统状态的关键因素。这也对人的德性提出了更高的要求，人不是单纯的以维持个体生命为目的的普通生物，人的可贵之处在于其能关爱其他生命体及其所赖以生存的环境。韩愈所谓的"博爱之谓仁"①就是要将仁爱扩展至万物。

---

① ［唐］韩愈著，马其昶校注，马茂元整理：《韩昌黎文集校注》，上海：上海古籍出版社，2014年，第19页。

一、德合覆载

天人感应以神秘的形式说明了人类的德性包含对自然整体（生态系统）的关爱。祭祀活动就是将这种生态德性付诸实践的规范。自孔子开始，祭祀的内涵已由鬼神崇拜转向了人文教化，孔子指出，"务民之义，敬鬼神而远之，可谓知矣"[1]。到了荀子，他明确区分了祭祀的两层含义，"其在君子，以为人道也；其在百姓，以为鬼事也"[2]。也就是说，在实际的祭祀活动中，百姓感受到的是对自然鬼神的崇拜，而士人君子则是出于规范人类的行为。在汉代天人感应系统下，人事与宇宙万物被紧密地联系在一起，彼此间的感应关系增添了世界的神秘色彩。先秦儒家在人与鬼神之间划出的界线到了汉代已经模糊不清了。承认人与鬼神之间存在感应成为汉代祭祀活动的理论前提。因此，尽管汉代儒家也重视人自身的道德修养，但它更加突出外在约束力的作用，这个外在约束力是人道，也是天道，只是在汉代采用了神秘感应的贯通方式。

---

[1]　[宋]朱熹：《四书章句集注》，北京：中华书局，1983年，第89页。
[2]　[清]王先谦：《荀子集解》，北京：中华书局，1988年，第376页。

从韩愈的祭祀文中可以看到，在唐代，每当出现天气异常的情况时，君主就会下旨让各地方官员遍祭群祠。这既是对自然权威的认可与敬畏，又是对人自身能动性的肯定。对自然的敬畏可以起到保护自然的作用，对人的能动性的肯定不仅突出了德的重要性，还将人的道德所涉及的范围扩展至万物，甚至自然环境的好坏成了检验人类行为的一个标准。

韩愈在各类祭祀自然神的文章中，将自然灾害看作对人失职的惩罚。他指出，"天降之罚，以久不雨，苗且尽死"①。韩愈认为自然界与人之间的纽带是"德"，"圣德所施，灵物来效"②。他指出，君主通过自身的道德修养可以做到"道合天地，恩沾动植"，"风雨咸若"③。韩愈所用的"德合覆载"④，"象德乾坤，同明日月"⑤ 等表达反映了人之德是立足于天地视野上的，而

① ［唐］韩愈著，马其昶校注，马茂元整理：《韩昌黎文集校注》，上海：上海古籍出版社，2014年，第360页。
② ［唐］韩愈著，马其昶校注，马茂元整理：《韩昌黎文集校注》，上海：上海古籍出版社，2014年，第671页。
③ ［唐］韩愈著，马其昶校注，马茂元整理：《韩昌黎文集校注》，上海：上海古籍出版社，2014年，第812页。
④ ［唐］韩愈著，马其昶校注，马茂元整理：《韩昌黎文集校注》，上海：上海古籍出版社，2014年，第699页。
⑤ ［唐］韩愈著，马其昶校注，马茂元整理：《韩昌黎文集校注》，上海：上海古籍出版社，2014年，第697页。

"生恩既及于四海，和气遂充于八纮"①，"曲成不遗于万物，大赉遂延于四海。寰宇斯泰，品类皆苏"②，则进一步说明了德的内容和范围。在此，人存在的意义不只是谋食还在于谋道，这个道贯通于天地。

在这种天人感应系统中，万物的存在都是因为受到了上天的恩惠。上天的大德遍及万物；作为能与天神取得沟通的圣王也具有德及万物的价值功能。同理，自然灾害则是人失德造成的。韩愈在《祭竹林神文》《曲江祭龙文》等祭祀文中指出，天降灾是由于作为地方官的自己"失所职""不仁"③造成的。

韩愈的天人感应论是以天地视野来规范人之德，在此，德的内容和范围涉及天地万物。天人感应的内在纽带是"德"。天、地、人都有德，而人之德影响天地。这既是对人之德的高扬，又是对人类行为的约束。由此，人之德不仅关乎人类自身，还牵动着天地万物。人只有与天地合德，才能使万物各得其所。

① ［唐］韩愈著，马其昶校注，马茂元整理：《韩昌黎文集校注》，上海：上海古籍出版社，2014年，第697页。
② ［唐］韩愈著，马其昶校注，马茂元整理：《韩昌黎文集校注》，上海：上海古籍出版社，2014年，第813页。
③ ［唐］韩愈著，马其昶校注，马茂元整理：《韩昌黎文集校注》，上海：上海古籍出版社，2014年，第357页。

这表明了人之德所及的范围是天地万物，万物的生存状态掌控在人的手中。

二、德感祥瑞

天人感应不仅说明了人类道德关怀的范围包容天地万物，而且还对人类的行为起到了约束和规范的作用。对祥瑞的重视则又突出了对理想生存状态的追求。在理想的生存状态中，人与自然万物的和谐状态是其中重要的指标。而理想状态的实现则与人类的德性直接相关，只有人德感通天地，天地才会以祥瑞的形式做出回应。

韩愈从天人感应的角度说明了动物的某些行为是受到人之德的感召的。对于北平王家出现的一只母猫为丧母的幼猫哺乳的现象，韩愈认为："夫猫，人畜也，非性于仁义者也，其感于所畜者乎哉！"[1] 即猫自身没有仁义，是受到了主人之德的感化。

---

[1] ［唐］韩愈著，马其昶校注，马茂元整理：《韩昌黎文集校注》，上海：上海古籍出版社，2014年，第112页。

他赞扬北平王"牧人以康，罚罪以平"；"父父子子，兄兄弟弟，融融如也，视外犹视中，一家犹一人"①，并指出这就是感召的原因。另外，他还对董生家鸡护狗的现象做了说明，认为那是因为"董生孝且慈"，虽不为人知，但"天翁知"②，故降下祥瑞。

祥瑞是与人德相通的。韩愈在上宰相书中描述了圣人之治的社会：

当是时，天下之贤才皆已举用，奸邪谗佞欺负之徒皆已除去，四海皆已无虞；九夷八蛮之在荒服之外者，皆已宾贡；天灾时变、昆虫草木之妖，皆已销息；天下之所谓礼乐刑政教化之具，皆已修理；风俗皆已敦厚；动植之物、风雨霜露之所沾被者，皆已得宜；休征嘉瑞、麟凤龟龙之属，皆已备至。③

---

① ［唐］韩愈著，马其昶校注，马茂元整理：《韩昌黎文集校注》，上海：上海古籍出版社，2014年，第112页。
② ［清］方世举撰，郝润华、丁俊丽整理：《韩昌黎诗集编年笺注》，北京：中华书局，2012年，第45页。
③ ［唐］韩愈著，马其昶校注，马茂元整理：《韩昌黎文集校注》，上海：上海古籍出版社，2014年，第180页。

韩愈从四个方面分析了圣人统治的社会。第一，政治清明，四海安宁，贤才得以举用，奸佞被去除。第二，无天灾虫害，"天灾时变、昆虫草木之妖，皆已销息"。第三，礼乐教化皆备，风俗敦厚。第四，风调雨顺，万物繁茂，灵瑞的动植物出现，"动植之物、风雨霜露之所沾被者，皆已得宜；休征嘉瑞、麟凤龟龙之属，皆已备至"。第一和第三主要是涉及人与人的关系，而第二和第四则是关乎自然环境的问题。环境问题与人的问题被同等对待，可见韩愈对自然环境的重视程度。在生态维度下，天人感应将人之德定位在了宇宙系统之中，扩大了德的范围，并将人与自然之间的生存关联做了价值性诠释。可以说，天人合德，万物遂性是一种理想状态。

韩愈还从正反两面说明了太平社会的景象。一方面，他从反面否定了"干戈未尽戢，夷狄未尽宾；麟凤龟龙，未尽游郊薮；草木鱼鳖，未尽被雍熙"[①]。这种人类和自然万物都受到干扰的社会状态绝不是圣人之道所追求的太平理想。另一方面，他又从正面列举了当世太平之运的种种表现："年谷熟衍，符贶委

---

① ［唐］韩愈著，马其昶校注，马茂元整理：《韩昌黎文集校注》，上海：上海古籍出版社，2014年，第670页。

至","若干纪之奸，不战而拘累，强梁之凶，销铄缩栗，迎风而委伏"，"四海之所环，无一夫甲而兵者"①。在此，自然环境所呈现出的状态始终是评价社会优劣的一项重要标准。从生态的维度看，韩愈所描绘的理想社会是人与自然和谐的社会，其中，自然环境不是陪衬，不是可有可无的装饰，而是一项重要的参照指标。而且，自然环境不仅仅是资源的象征，它还代表着美与善，是人之德的象征。

三、事神治人

韩愈继承了儒家以祭祀教化人德的传统。他指出祭祀能起到"事神治人"②的作用，其目的在于"尽惠庙民，不主于神"③。他点明祭祀是为了宣扬道德，"明德惟馨"，而德的内容"同功

① ［唐］韩愈著，马其昶校注，马茂元整理：《韩昌黎文集校注》，上海：上海古籍出版社，2014年，第741页。
② ［唐］韩愈著，马其昶校注，马茂元整理：《韩昌黎文集校注》，上海：上海古籍出版社，2014年，第545页。
③ ［唐］韩愈著，马其昶校注，马茂元整理：《韩昌黎文集校注》，上海：上海古籍出版社，2014年，第464页。

于造化"①。韩愈指出，"苟失其道，杀牛之祭何为？如得其宜，明水之荐斯在"②。如果丧失了祭祀的根本，就是杀牛祭祀也没有作用；如果懂得祭祀的根本所在，就是用水祭祀也能发挥作用。韩愈在批判佛教的文章中曾经指责梁武帝"宗庙之祭，不用牲牢，昼日一食，止于菜果"③，他站在维护儒家祭祀之礼和生养之道的立场上，批判了佛教不杀生、不食荤的教义。但是，韩愈并非不爱惜动物，他也从动物自身的角度指出，"孤豚眠粪壤，不慕太庙牺"④，即猪宁愿生活在粪土中以安然生存，也不愿做看似高贵和体面的祭祀品。面对"据处食民畜、熊、豕、鹿、獐，以肥其身"⑤的鳄鱼，韩愈并没有直接对其进行捕杀，而是"以羊一，猪一，投恶溪之潭水，以与鳄鱼食"⑥，并且劝诱

---

① ［唐］韩愈著，马其昶校注，马茂元整理：《韩昌黎文集校注》，上海：上海古籍出版社，2014年，第731页。
② ［唐］韩愈著，马其昶校注，马茂元整理：《韩昌黎文集校注》，上海：上海古籍出版社，2014年，第731页。
③ ［唐］韩愈著，马其昶校注，马茂元整理：《韩昌黎文集校注》，上海：上海古籍出版社，2014年，第684页。
④ ［清］方世举撰，郝润华、丁俊丽整理：《韩昌黎诗集编年笺注》，北京：中华书局，2012年，第488页。
⑤ ［唐］韩愈著，马其昶校注，马茂元整理：《韩昌黎文集校注》，上海：上海古籍出版社，2014年，第640页。
⑥ ［唐］韩愈著，马其昶校注，马茂元整理：《韩昌黎文集校注》，上海：上海古籍出版社，2014年，第639页。

鳄鱼到更适于其生存的环境中去，"潮之州，大海在其南，鲸、鹏之大，虾、蟹之细，无不容归，以生以食，鳄鱼朝发而夕至也"①。韩愈曾经揭露了虔州民俗滥杀牛而使牛不得繁衍，"又多捕生鸟雀鱼鳖"的野蛮杀生行为。他指出当地刺史"使通经吏与诸生之旁大郡，学乡饮酒丧婚礼，张施讲说，民吏观听从化"②，通过礼义教化改善了虔州的陋习。可见，儒家之教化排斥滥杀生。

在天人感应观下，祭祀是人类应对自然灾害的一种方式。在此，祭祀的前提即是承认天地万物是一个相互关联的整体。在这种整体观下，自然物会因其灵性而得到保护。例如，韩愈认为终南山以其险峻的地形保护了自然物，他将其看作神意的庇护，"还疑造物意，固护蓄精祐"。因此对于山上的自然物，人也不敢妄动，"鱼虾可俯掇，神物安敢寇"③。

---

① ［唐］韩愈著，马其昶校注，马茂元整理：《韩昌黎文集校注》，上海：上海古籍出版社，2014年，第641页。
② ［唐］韩愈著，马其昶校注，马茂元整理：《韩昌黎文集校注》，上海：上海古籍出版社，2014年，第515页。
③ ［清］方世举撰，郝润华、丁俊丽整理：《韩昌黎诗集编年笺注》，北京：中华书局，2012年，第202页。

这种万物有灵的整体观应该是人类早期共有的认识。有学者指出，古代人对某些动植物的崇拜是由于一个假设，即"人与自然在一个互动世界里紧密联结。物种之间有比拟性和对应性，而且植物、鸟兽能感应表达、影响，甚至预示人类的命运"。"遵奉这样的信念，一些物种特别受敬重，不是自然界所有的事物都可以肆无忌惮地开发利用"①。也有学者指出早期的自然崇拜也对古人的捕猎活动做出了规范，"传统猎人十分尊重他们的猎物，忌讳随意提及被自己部落当作图腾的动物，还要通过斋戒来消除罪孽。他们只有在饿得不得了的情况下才会捕杀猎物，并且虔诚祷告，对这些动物做出的牺牲表示万分感激"②。相对于早期的自然宗教，一些学者认为犹太教、基督教和伊斯兰教"将神（上帝）从自然界中分离出去，使得自然缺失了神灵价值，将人类置于万物之上，认为人类可以无须考虑其他生物自身的价值而肆意使用地球上的资源，这些都成为他们被指

---

① ［英］托马斯（Thomas, K.）：《人类与自然世界：1500—1800年间英国观念的变化》，宋丽丽译，南京：译林出版社，2008年，第68页。
② ［美］休斯（Hughes, D.J.）：《世界环境史：人类在地球生命中的角色转变》（第2版），赵长凤、王宁、张爱萍译，北京：电子工业出版社，2014年，第23页。

责破坏了生态环境的原因"①。从这个意义上说，中国儒家的天人感应思想更接近早期的自然宗教，它将自然看作神，承认自然的神圣性。但是同时也不可否认，诚如学者指出的那样，自然崇拜所追求的乃是一种外在的控制力，"无论是狩猎祈祷，还是农民的收获祈福，这种涉及自然的祭礼活动常常都包含着神秘的因素，以试图赢得驾驭自然的权力"②。实际上，儒家的天人感应思想虽有自然崇拜的色彩，但是它已提升了人的位置，人不是匍匐于自然神脚下的奴仆，而是能感应天德并且能践行天德的能动主体，所以面对自然灾害，人们不仅会出于畏惧自然力而献祭，还会将其作为警示来反省人类自身的德行。

总之，儒家带有天人感应色彩的祭祀活动就是要将外在的约束与内心的约束统一起来。祭祀活动以实践的形式肯定了天地万物是一个整体，人能感应天也就肯定了人对于世界的职责，人作为通神性的存在应该像天地之神一样仁爱苍生。这实际是

---

① ［美］休斯（Hughes，D.J.）：《世界环境史：人类在地球生命中的角色转变》（第2版），赵长凤、王宁、张爱萍译，北京：电子工业出版社，2014年，第66页。

② ［德］拉德卡：《自然与权力：世界环境史》，王国豫、付天海译，保定：河北大学出版社，2004年，第93页。

以神性诠释人性的神圣。然而，对于普通的没有接受教育的大众而言，天人感应仅被理解为福祸报应。韩愈肯定天人感应在辅佐政治教化民众层面的作用，他强调的是道德教化而非鬼神信仰。韩愈以"博爱"释"仁"，继承并发展了儒家的仁爱思想。"博爱"表明了仁爱的对象不是具体的某人某物而是一个范围，这种范围的设定恰与《周易》生生之德的提法相契合。德的对象是天覆地载的万物，衡量德的标准是万物的和谐程度。这种道德要求虽是针对人类行为的规范，但其参照的标准却是生态整体的状态。从这个层面说，韩愈的博爱思想所表达的是一种生态德性观。

第三节 "一视而同仁"的生态境界论

韩愈所遵奉的圣人之道，首先解决了人类生存的困境，驱自然之害，用自然之利以获得生存所需；制定社会秩序，避免人类争斗以保障生存延续，使得人类从生存方式上摆脱了原始野蛮的状态；其次规范了人类的言行，使得人类不仅谋食，还谋道，关照了人类的精神层面；最后指明了人类努力的方向，内修仁义，外施博爱，对天地万物"一视同仁"。

韩愈将圣人统治的社会描述为人与自然相和谐的图景。他并不是要神化圣人社会，而是在说明人与自然之间的互动关系，人类自身的和谐会惠及自然，自然的和顺会进一步促进人类的生存。在理想的社会中，自然不仅仅是人类索取的对象，也是人类关爱的对象。

在《论语·先进》中，通过孔子对其弟子所谈理想的态度，人们可以窥探到孔子的理想社会是带有田园色彩的社会。子路的理想突出了使国家富强，"加之以师旅，因之以饥馑"而"夫子哂之"；冉有的理想突出了利民，"可使足民"；公西华的理想突出了对国家之礼的重视，"宗庙之事，如会同，端章甫，愿为小相焉"。听了冉有和公西华的理想，孔子没有明确表态。而在曾皙说明自己的理想是"浴乎沂，风乎舞雩，咏而归"后，孔子赞叹并赞同曾皙的观点。可见，孔子的理想社会带有无为而治的自然色彩。孟子的理想社会突出对自然资源的重视，他把谷物、鱼鳖、木材作为"养生丧死"的资源。所以，孟子特别重视农业生产，倡导养桑树、养禽畜、适时耕作，并将之作为百姓生存的保障。荀子的理想社会同样突出了自然资源对于人类生存的作用，五谷、鱼鳖、山林是百姓食用的主要资源。董仲舒的理想社会中的自然则具有了符瑞的意义。

在韩愈所向往的理想社会中，自然也是重要的元素。韩愈理想社会中的自然带有董仲舒的符瑞色彩，但其神秘化色彩已淡化，突出了礼乐教化的影响力。他不像孟、荀一样从人类视角谈论自然作为资源的作用，他是立足于自然视角，从自然的状态评价社会。自然状态的和谐被视为与人类社会的和谐同等重要，这就是一种比仅追求生存更高的境界。

在韩愈看来，人类的安居生存是与人类秩序的建立同步的，这也是人类从动物中脱离出来的标志。圣人引导人走出了"若禽兽夷狄"的状态，"知宫居而粒食，亲亲而尊尊，生者养而死者藏"①。他指出，动物之间弱肉强食的关系使动物总是处于小心谨慎的危机状态，而人类秩序则使人类得以相安无事地群居生存，"夫鸟俯而啄，仰而四顾；夫兽深居而简出，惧物之为己害也，犹且不脱焉。弱之肉，强之食。今吾与文畅安居而暇食，优游以生死，与禽兽异者，宁可不知其所自邪？"②在他看来，圣人统治的社会不仅使人类脱离了禽兽状态，还建立了人类文明。人类不同于一味谋食的生物，他们还有精神需求，他们的价值追求是博爱万物，与弱肉强食的自然法相反，圣人之道是一视而同仁的原则。

韩愈以人性言道德，他认为人性是有等级的，圣人的人性

① ［唐］韩愈著，马其昶校注，马茂元整理：《韩昌黎文集校注》，上海：上海古籍出版社，2014年，第282页。
② ［唐］韩愈著，马其昶校注，马茂元整理：《韩昌黎文集校注》，上海：上海古籍出版社，2014年，第283页。

是全善的。他指出，圣贤是在天地之气和顺的情况下出现的，"天高而明，地厚而平。五气叙行，万汇顺成。交感旁畅，圣贤以生"①。圣人通过自身之气可以与天地感应，"同类则感""气应则通"②。在此，韩愈说明了圣人的产生与气的状态相关，在天地五行之气和顺的情况下，容易造就圣人。

韩愈指出，既然圣人之气感通天地，那么就可知，"圣贤之无党，知天地之至公"③，即圣人与天地一样是大公无私的，"圣人于天下，于物无不容"④。韩愈还将圣人置于天地系统中来说明圣人的处事原则，天、地、圣人在整个宇宙系统中处于关键地位，天地无偏私，圣人则"一视同仁"，他们共同诠释了博爱的精神。韩愈认为圣人能感应到"与天地皆生"的"五常之教"，而天下之人则"终不能自知而行"⑤。他指出上天并不是要使圣贤

① ［唐］韩愈著，马其昶校注，马茂元整理：《韩昌黎文集校注》，上海：上海古籍出版社，2014年，第766页。
② ［唐］韩愈著，马其昶校注，马茂元整理：《韩昌黎文集校注》，上海：上海古籍出版社，2014年，第732页。
③ ［唐］韩愈著，马其昶校注，马茂元整理：《韩昌黎文集校注》，上海：上海古籍出版社，2014年，第732页。
④ ［清］方世举撰，郝润华、丁俊丽整理：《韩昌黎诗集编年笺注》，北京：中华书局，2012年，第579页。
⑤ ［唐］韩愈著，马其昶校注，马茂元整理：《韩昌黎文集校注》，上海：上海古籍出版社，2014年，第754页。

"自有余而已"，而是为了"补其不足者"。

虽然圣人之道是围绕人展开的，但是它涉及的范围却包括天地万物，韩愈总结为："天地之所以著，鬼神之所以幽，人物之所以蕃，江河之所以流"①，根源皆在于圣人之道；将圣人之道"施之于天下，万物得其宜"②；甚至于，"生则得其情，死则尽其常；郊焉而天神假，庙焉而人鬼飨"③。可见，圣人之道外延至天地万物鬼神，内关乎人心修养。

圣人所认识的世界是一个相互关联的世界，他们给这种关联赋予了意义。圣人是连接"是"与"应该"的纽带。他们不仅在认识自然中积累了生存技能，还在其中感悟到了生存的意义。生存技能容易在日常生活中得到运用与传播，而其中蕴含的做人之道却并非人人皆知。这就需要在生活中设定某种形式以作为做人之道的载体从而深入人心。这种形式就是儒家所倡导的礼。韩愈所谓的"圣人之德，与天地通"，虽是恭维之

---

① ［唐］韩愈著，马其昶校注，马茂元整理：《韩昌黎文集校注》，上海：上海古籍出版社，2014年，第282页。

② ［唐］韩愈著，马其昶校注，马茂元整理：《韩昌黎文集校注》，上海：上海古籍出版社，2014年，第282页。

③ ［唐］韩愈著，马其昶校注，马茂元整理：《韩昌黎文集校注》，上海：上海古籍出版社，2014年，第20页。

辞，但确实说明了人类作为有智慧、有德性的存在，其存在的意义是普通生物所不能及的。相对于西方学者惯用的人类中心主义和非人类中心主义的划分，儒家生态哲学的特点或许更适合用"人道中心"之类的词语概括。儒家哲学承认人的价值和地位，这与宣称以生态整体为中心的非人类中心主义不同，但儒家生态哲学并不赞同人欲的膨胀，甚至压制人欲才是其重要方面，所以儒家生态哲学与完全以人的欲望为中心的人类中心主义也是不同的。

第四节 "病乎在己"的生态功夫论

韩愈肯定人的能动性的意义。他认为圣贤因自身的仁义之德而承担着"畏天命而悲人穷"的使命。他们传授给人类"相生养"之道，使人类得以生存延续。圣人不仅传道使人得以生存延续，还教化人，使人的精神得到滋养。他将先王之教概括为"仁""义""道""德"，并且提出，"道莫大乎仁义，教莫正乎礼乐刑政"①。由此可见，外在规范的内在依据就是仁义。人的生存不只是物质的需求，还有精神的养护。人的能动性不仅体现在改造自然的能力，更可贵的是人能反思自我。其中自我反省是儒家提倡的一种修养方式。

---

① ［唐］韩愈著，马其昶校注，马茂元整理：《韩昌黎文集校注》，上海：上海古籍出版社，2014年，第282页。

在先秦儒家那里就开始的义利之辨，为儒家定下了重义轻利的基调。韩愈继承了儒家这一传统。他一再强调精神追求高于物质享受，"谋道不谋食，乐以忘忧者"①，"乐天知命者，固前修之所以御外物者也"②，"固余异于牛马兮，宁止乎饮水而求刍？"③人类所推行的仁义之道不仅使人类自身的身体和精神得到滋养，还使得万物都各得其所。反之，如果人道乱，不仅自身的生存受到影响，动物乃至万物都会"不得其情"④。可见，在韩愈看来，人类秩序的维持需要依靠人自身具有的仁义，而人类秩序的治乱是与自然物的生存状态相关联的，人类秩序的原则包括了对待自然的态度。

对于道德修养的方式，先秦儒家也有探讨。

　　颜渊问仁。子曰："克己复礼为仁。一日克己复礼，天下

---

① ［唐］韩愈著，马其昶校注，马茂元整理：《韩昌黎文集校注》，上海：上海古籍出版社，2014年，第205页。
② ［唐］韩愈著，马其昶校注，马茂元整理：《韩昌黎文集校注》，上海：上海古籍出版社，2014年，第208页。
③ ［唐］韩愈著，马其昶校注，马茂元整理：《韩昌黎文集校注》，上海：上海古籍出版社，2014年，第8页。
④ ［唐］韩愈著，马其昶校注，马茂元整理：《韩昌黎文集校注》，上海：上海古籍出版社，2014年，第28页。

归仁焉。为仁由己，而由人乎哉？"颜渊曰："请问其目。"子曰："非礼勿视，非礼勿听，非礼勿言，非礼勿动。"颜渊曰："回虽不敏，请事斯语矣。"《论语·颜渊》①

　　孔子的回答说明了能否做到仁，完全取决于自己，而与他人无关，人自身是道德主体。基本原则就是约束自己，使自己的行为符合先王制定的规范。落实到具体实践中就是视、听、言、动各个方面都要自我约束。总之，在孔子看来，仁与不仁完全取决于自身。

　　孟子发展了孔子的思想，指出："万物皆备于我矣。反身而诚，乐莫大焉。强恕而行，求仁莫近焉。"②他明确了人自身已具备成仁的全部条件，只要做到诚于己就能做到仁。他以射箭为喻，指出："仁者如射，射者正己而后发。发而不中，不怨胜己者，反求诸己而已矣。"③为仁就如同射箭一样，箭能否射中取决于射箭人自身，同理，能否为仁则是人自身的问题。

---

① ［宋］朱熹：《四书章句集注》，北京：中华书局，1983年，第131页。
② ［宋］朱熹：《四书章句集注》，北京：中华书局，1983年，第350页。
③ ［宋］朱熹：《四书章句集注》，北京：中华书局，1983年，第239页。

在此, 他也强调了仁德的修养需要"反求诸己"的功夫。孟子进一步提出了"养吾浩然之气"的精神修养法。

韩愈在《原道》中引用了《大学》的原文:"古之欲明明德于天下者, 先治其国; 欲治其国者, 先齐其家; 欲齐其家者, 先修其身; 欲修其身者, 先正其心; 欲正其心者, 先诚其意。"① 韩愈指出了正心诚意对于修身、治国、平天下的意义。正心诚意也是修养仁义的功夫。他认为仁义是人道的根本, 它内存于人, 仁义能否实行在人而不在天, "盖君子病乎在己而顺乎在天", "所谓病乎在己者, 仁义存乎内"②。在此, 韩愈将先秦儒家"反求诸己"的修养功夫阐释为"病乎在己"。顺天和责己的并列再次展现了儒家对道德使命的责任担当。儒家会哀叹命运不济、生不逢时, 但是他们始终坚信人肩负着参天化育的使命, 因此对"道"的追求使他们矢志不渝地坚守着。

韩愈之所以用"病己"来说明修养的功夫与他对当时社会现状的认知密不可分。他作有《原毁》一文, 专门说明当时社

---

① [唐]韩愈著, 马其昶校注, 马茂元整理:《韩昌黎文集校注》, 上海: 上海古籍出版社, 2014年, 第18页。

② [唐]韩愈著, 马其昶校注, 马茂元整理:《韩昌黎文集校注》, 上海: 上海古籍出版社, 2014年, 第197页。

会"外以欺于人，内以欺于心"的病态。在他看来，这是懒惰和妒忌在起作用，其病在于"其责人也详，其待己也廉"，即对别人要求苛刻而对自己则放松要求。韩愈在文中对比了古之圣贤与当时君子的不同：

古之君子，其责己也重以周，其待人也轻以约。重以周，故不怠；轻以约，故人乐为善。闻古之人有舜者，其为人也，仁义人也。求其所以为舜者，责于己曰："彼，人也；予，人也。彼能是，而我乃不能是？"……闻古之人有周公者，其为人也，多才与艺人也。求其所以为周公者，责于己曰："彼，人也；予，人也。彼能是，而我乃不能是？"……舜，大圣人也，后世无及焉；周公，大圣人也，后世无及焉。是人也，乃曰："不如舜，不如周公，吾之病也。"是不亦责于身者重以周乎！其于人也，曰："彼人也，能有是，是足为良人矣；能善是，是足为艺人矣。"取其一，不责其二；即其新，不究其旧：恐恐然惟惧其人之不得为善之利。一善易修也，一艺易能也，其于人也，乃曰："能有是，是亦足矣。"曰："能善是，是亦足矣。"不亦待于人者轻以约乎？

今之君子则不然。其责人也详,其待己也廉。详,故人难于为善;廉,故自取也少。己未有善,曰:"我善是,是亦足矣。"己未有能,曰:"我能是,是亦足矣。"外以欺于人,内以欺于心,未少有得而止矣,不亦待其身者已廉乎?①

韩愈从对己和对人的态度,对比了古今君子在修养方面的巨大差异。他指出,古之君子对自己要求严格,总是以圣人为标准来反省自身的不足。通过责己,古之君子的自身修养得到不断提升,但是他们在众人面前始终保持谦逊的态度。他们不仅不炫耀自己的修养如何高,而且总能看到他人身上的优点。与此相反,现在所谓的君子则总是指点别人的不足,自己则不思进取。在韩愈看来,当世君子们的做法与儒家一直倡导的反求诸己、正心诚意的修养功夫不符,所以韩氏认为他们既欺骗他人又欺骗自己。在君子修养趋向病态的风气下,韩愈提出了"病己"的修养论,即从作为病源的自身出发,反思不足,回归本心。

① [唐]韩愈著,马其昶校注,马茂元整理:《韩昌黎文集校注》,上海:上海古籍出版社,2014年,第25—26页。

韩愈继承了先秦儒家的自省修养论，根据当时的社会现实提出了有针对性的"病己"功夫论。他秉承了儒家一贯以人为道德和实践主体的认识，强调了在仁义修养中作为主体的人是核心。其前提则是儒家所信奉的人具有"神性"，即肯定人自身的超越性，这种超越性不是物理层面的而是精神层面的。在儒家看来，人的自我反思能力是人类把握这种超越性的关键。孔子的"克己"、孟子的"尽心"、荀子的"虚壹而静"等无不是在自身上下功夫。

总之，韩愈以天人感应论为基础，说明了人与自然、社会之间彼此联系、相互影响，同属于天人系统。人以及社会与自然之间既相互依存，又彼此冲突，在对天人感应做了自然还原的基础上，韩愈指出了自然运行规律与人事变化之间的分离。在天人感应论中，人的德性被置于天地系统中，而将道德共同体的范围扩展至了天地万物。圣人对待万物"一视而同仁"的态度，是生态德性的体现，也是需要不断提升修养才能达到的生态境界。韩愈指出，德性内在于人，并提出了"病乎在己"的功夫论。

第四章

韩愈与柳宗元、刘禹锡生态观的对比

韩愈的生态观是中唐儒家生态观的一个代表，它展现了儒家学说从天命说到性命说过渡阶段中的命与性之间的张力。人与万物的关系既依靠人自身的道德自律，又离不开外在的天命约束。与同时代的还原天命观的儒家代表柳宗元、刘禹锡的生态观相比，韩愈的生态观带有"畏天命"的特点。

第一节　柳宗元的"天人不相预"的生态观

柳宗元（773—819），字子厚，河东（今山西运城永济）人，世称"柳河东"，因其卒于柳州，又称"柳柳州"，其著作编为《柳河东集》，涉及哲学、政治、历史、社会、文学等多方面的内容，其中包含丰富的生态哲学思想。

柳宗元用气一元论还原了自然的物质属性。在《天说》中针对韩愈的天有赏罚意志之说，柳氏指出：

> 彼上而玄者，世谓之天；下而黄者，世谓之地；浑然而中处者，世谓之元气；寒而暑者，世谓之阴阳。是虽大，无异果蓏、痈痔、草木也。假而有能去其攻穴者，是物也，其能有报乎？番而息之者，其能有怒乎？天地，大果蓏也；元气，大痈

痔也；阴阳，大草木也，其乌能赏功而罚祸乎？功者自功，祸者自祸，欲望其赏罚者大谬；呼而怨，欲望其哀且仁者，愈大谬矣。①

柳宗元指出，天是"上而玄者"，它与地、元气、阴阳一样都只是自然物之一，在这个层面上，天"无异果蓏、痈痔、草木"。在《天对》中柳氏指出，自然万物从属性上而言，"惟元气存"。他强调自然万物及其规律的形成都是气运动的结果，"合焉者三，一以统同。吁炎吹冷，交错而功"②。

柳氏认为世界是由自然之气构成的，各种自然物虽出于同源，但它们都有各自的属性和规律。自然现象是自然界的变化，并不是天有意识的赏罚。天的变化现象和运行规律并不能直接作为人事赏罚的依据。

柳宗元以气论为依据，对历史上将自然变化鬼神化以干涉政事的现象作了批判。对于把山川的变化作为国家灭亡征兆的认识，柳宗元指出，山川的变化都是自然过程，"自动自休，自

---

① ［唐］柳宗元：《柳宗元集》，北京：中华书局，1979年，第442—443页。
② ［唐］柳宗元：《柳宗元集》，北京：中华书局，1979年，第365页。

峙自流"，"自斗自竭，自崩自缺"①。对于将天气变化作为对人事惩罚的看法，柳氏指出，雪霜雷霆并不能作为人事赏罚的依据，天气变化都是气的运动造成的，"雷霆雪霜者，特一气耳"②，并没有天的意志干预。柳氏所提出的天与人"不相预"的天人观就是要还原天作为自然物的自然属性。由于天是自然物，所以天不会干预人类社会，人类社会的治乱不是天主宰的，一些自然现象也不是天的警告或赞扬。柳氏的这种天人观被称为天人相分的天人观。但在生态维度下，这种相分并不是说没有联系。柳氏并不否认人与天在自然层面的联系。

立足于人类发展史，他指出天对于万物有"生植"和"灾荒"两种影响。柳宗元指出，在"雪霜风雨雷雹"的条件下，人类只有通过"架巢空穴，挽草木，取皮革"，"噬禽兽，咀果谷"③才能维持生存。在柳氏看来，圣人是依据气候变化而制定时令的，"迎日步气，以追寒暑之序，类其物宜而逆为之备"④，这具有"利于人，备于事"的作用。如季春"利堤防，达沟渎，

① ［唐］柳宗元：《柳宗元集》，北京：中华书局，1979年，第1269页。
② ［唐］柳宗元：《柳宗元集》，北京：中华书局，1979年，第91页。
③ ［唐］柳宗元：《柳宗元集》，北京：中华书局，1979年，第31页。
④ ［唐］柳宗元：《柳宗元集》，北京：中华书局，1979年，第85页。

止田猎，备蚕器，合牛马"；季夏"行水杀草，粪田畴，美土疆"；季秋"举五谷之要，合秩刍，养牺牲；趋人收敛，务蓄菜，伐薪为炭"；季冬"出五谷种，计耦耕，具田器"①。可以说，人的实践行为都是按照天"时"来安排的，而天时就体现在动植物的周期性变化上，这样人类的行为就不是孤立的，而是统合于周围环境中的。

柳宗元将圣人之道的原则提炼为"时""中"，并指出其源自于对宇宙运行规律的认识，"上睢盱而混茫兮，下驳诡而怀私。旁罗列以交贯兮，求大中之所宜。曰道有象兮，而无其形。推变乘时兮，与志相迎。不及则殆兮，过则失贞。谨守而中兮，与时偕行。万类芸芸兮，率由以宁"②。在此，"时""中"是宇宙创生万物的规则；"时"是变化的阶段性，"中"是变化的平衡性。

"时""中"暗含着将自然界作为整体循环系统的思想。"时"来自对寒暑交替变化的季节循环的观察，"中"则首先是对由天地构成的空间系统所做的位置设定，进而又指系统中的

---

① ［唐］柳宗元：《柳宗元集》，北京：中华书局，1979年，第85页。
② ［唐］柳宗元：《柳宗元集》，北京：中华书局，1979年，第54页。

平衡状态。"时""中"作为宇宙运行的阶段性平衡状态或曰动态平衡，是一个事实性描述，然而一旦作为行为规范，其中就包含有价值判断。应当指出，在柳宗元的哲学思想中，事实与价值之间并不是断裂的。自然界所表现出的阶段性平衡状态既是事实，也包含了善，所以可以作为人类的行为规范。圣人、君子也须遵循"时""中"规则。圣人将自然系统中的规则，作为人道的标准，要求人达到一种内外动态平衡的状态。"彼穹壤之廓殊兮，寒与暑而交修。执中而俟命兮，固仁圣之善谋"①。人只有顺时守中，才是君子之道，"夫刚柔无恒位，皆宜存乎中，有召焉者在外，则出应之。应之咸宜，谓之时中，然后得名为君子"②。

柳宗元一直致力于以"利安元元为务"③，"以辅时及物为道"④，其谈人道以天道为依据。"辅时及物"突出的是"时"与"物"的关系，"利安元元"说明的则是"利"与"元"之间的

---

① ［唐］柳宗元:《柳宗元集》，北京：中华书局，1979年，第42页。
② ［唐］柳宗元:《柳宗元集》，北京：中华书局，1979年，第850页。
③ ［唐］柳宗元:《柳宗元集》，北京：中华书局，1979年，第780页。
④ ［唐］柳宗元:《柳宗元集》，北京：中华书局，1979年，第824页。

联系。柳氏继承前人的认识，指出"元"为始，"善之长也"①。
对于"善之长也"之义，《周易正义》中给予的解释是"善之大
者，莫善施生，元为施生之宗，故言'元者善之长'也"②。柳氏
也明确指出，"天地元功，施雨露而育物"③。而"利"在《周易
正义》中是"'利者义之和'者，言天能利益庶物，使物各得
其宜而和同也"④。这是立足万物，指出了天是万物得以生存之
"利"。可见，"辅时及物""利安元元"之道效法的是孕育万物
而又使万物各得其理的天地之道，其所惠及的，不仅仅是百姓，
还包括万物。由此，"道"的内容可以概括为"生"，而"生"
之"道"所彰显的就是"善"。柳氏提出，"善不必寿，惟道
之闻，一日为老"⑤。在此，"道"与"善"是同一的，人所追求
的"生"不仅指的是生理方面的夭寿，更重要的是精神方面的
提升。这与当时社会上流行的道教求长生的理念完全不同。同
样，对柳氏而言，人类社会的优劣并不在于物质方面，关键在

① ［唐］柳宗元：《柳宗元集》，北京：中华书局，1979年，第1357页。
② 《十三经注疏·周易正义》，北京：中华书局，1980年，第15页。
③ ［唐］柳宗元：《柳宗元集》，北京：中华书局，1979年，第1380页。
④ 《十三经注疏·周易正义》，北京：中华书局，1980年，第15页。
⑤ ［唐］柳宗元：《柳宗元集》，北京：中华书局，1979年，第1077页。

于它所树立的价值观。

在生态维度下，"生人"之道虽立足于人道，但其所推崇的"时中"原则及"利安元元""辅时及物"的内容，都来源于对包括天、地、人在内的整体系统的体认。可以说，"生人"之道是人道与天道相贯通之道，既是人的实践活动要遵循的自然规律，也是人道德实践的依据。大中之道所推崇的美善社会是自然与社会相协调的生态社会，人所追求的价值包括自然界的和谐。

总之，柳宗元虽继承了汉代的天人感应说，但是他所提出的新认识是建立在对天人感应自然化还原的基础之上。天人感应的神秘体系被还原为"惟元气存"的自然系统。他所谓的天人"不相预"并不是对天人同一系统的否定，而是对天、人各自规律的说明，遵循各自规律的天、人仍是处于同一系统的两大关键要素。天是人及其他生物生存所依赖的条件，同时，天的变化也会对所有生物的生存带来负面作用。人作为能动主体并不能任意妄为，而需要依照自然规律安排实践活动。柳宗元从自然气论的角度说明了人类道德虽不是天神赐予的，但作为自然的天为人类道德的形成提供了必要的条件。人虽是道德主体，但是人类道德规范却是在把握万物运行规律的基础上形成的。"时""中"既是对客观世界的把握，也是人类行为的规范，"利安元元""辅时及物"也是在对天道孕育万物认识的基础上，对人类德性提出的要求。柳宗元所体验到的与造物者游的境界则是摆脱了功利性考虑，是对宇宙大生命的回归。

第二节　刘禹锡的"天人交相胜"的生态观

刘禹锡（772—842），字梦得，河南洛阳人，最后任职为太子宾客，被白居易赞为"诗豪"，是中唐时期的政治家、思想家、诗人、文学家。刘禹锡的著作被今人编辑为《刘禹锡集》。刘禹锡的生态哲学思想主要集中于《天论》和山水诗作中。刘氏将人与自然的关系概括为"交相胜"，即肯定二者是相互影响、相互制约、共同发展的关系。在这种认识前提下，刘禹锡对"天理"与"人理"关系的讨论、对"人胜天"的思考、对自然美的欣赏都体现了其对人与自然这一动态整体的认识。

刘禹锡是把天地万物置于自然造物的过程中来认识的，他指出万物是由自然之气产生的：

天之有三光、悬寓，万象之神明者也，然而其本在乎山川五行。浊为清母，重为轻始。两位既仪，还相为庸，嘘为雨露，噫为雷风。乘气而生，群分汇从，植类曰生，动类曰虫。倮虫之长，为智最大，能执人理，与天交胜。（《天论下》）①

以不息为体，以日新为道。倮鳞蚅走，灌荈苞皂，乃牙乃甲，乃翮乃剖。阳荣阴悴，生濡死蒉。各乘气化，不以意造。赋大运兮无有淑恶，彼多方兮自生丑好。（《问大钧赋》）②

刘氏还用"数"和"势"说明了天的自然性：

天形恒圆而色恒青，周回可以度得，昼夜可以表候，非数之存乎？恒高而不卑，恒动而不已，非势之乘乎？今夫苍苍然者，一受其形于高大，而不能自还于卑小；一乘其气于动用，

---

① ［唐］刘禹锡：《刘禹锡集》，卞孝萱校订，北京：中华书局，1990年，第72页。
② ［唐］刘禹锡：《刘禹锡集》，卞孝萱校订，北京：中华书局，1990年，第2页。

而不能自休于俄顷。又恶能逃乎数而越乎势耶？①

　　他指出，天的形体"恒圆"、颜色"恒青"、运行轨道"可度"及"昼夜"规律都是天之数；"恒高而不卑，恒动而不已"是天之势的呈现。不仅有形的天受控于"数"与"势"，无形的空也不能逃出这个范围，因为刘氏指出空只是"无常形"而已，仍然是有。

　　刘禹锡指出，"天之所能者，生万物也；人之所能者，治万物也"②。在此，天与人的作用对象都是万物，而只是功能不同。具体而言，天之能包括：

　　阳而阜生，阴而肃杀；水火伤物，木坚金利；壮而武健，老而耗眊，气雄相君，力雄相长：天之能也。③

---

① ［唐］刘禹锡：《刘禹锡集》，卞孝萱校订，北京：中华书局，1990年，第71页。
② ［唐］刘禹锡：《刘禹锡集》，卞孝萱校订，北京：中华书局，1990年，第68页。
③ ［唐］刘禹锡：《刘禹锡集》，卞孝萱校订，北京：中华书局，1990年，第68页。

天之能包括生物盛衰的变化，人之能包括对自然原始状态的改造。刘禹锡指出，人虽有改造自然的能力，但是人不能干预天气寒暑的变化，同样，天虽有孕育万物的功能，但是天不能决定人类社会的治乱。

刘禹锡肯定人的能动性。他认为人是"动物之尤者"。他具体说明了人的能力，包括：

> 阳而艺树，阴而揫敛；防害用濡，禁焚用光；斩材窾坚，液矿硎铓；义制强讦，礼分长幼；右贤尚功，建极闲邪；人之能也。①

刘氏分别从人与自然的关系和人与人的关系两方面说明了人既能"用天之利"，又能"立人之纪"。刘氏将人的职能总结为"治万物"。可见，这其中既包括人改造自然物，也包括为自己立法。刘禹锡认为能动性的发挥依靠的是群体的力量，"以

---

① ［唐］刘禹锡：《刘禹锡集》，卞孝萱校订，北京：中华书局，1990年，第68页。

其能群以胜物也"①, 而人之所以能群则是因为人有制定秩序的智慧, "为智最大, 能执人理"②。在此, 智—人理—群是人相对于动物的优势。

在刘氏看来, 天地虽然是无意识的存在, 但生于自然的圣人却根据天道制定了人道。刘氏认为圣人是人中最有智慧的, 他们能掌握尊卑长幼的秩序, 有利用和改造自然的能力, 圣人是"理"的化身。"立人之纪"既是保持社会稳定的需要, 也是守住人性的关键。圣人作为系统中的一个特殊存在, "为智最大"③, 能"与天交胜"。即人要胜天, 凭借的是"人理"。人理是依靠智慧对是非做出的判断, 在社会上体现为法制, "人之道在法制"④。

实际上, 刘禹锡所强调的人理有维护社会安定以保障生存的作用, 但人理所指向的并不是征服外在的自然, 其所否定的

---

① [唐] 刘禹锡:《刘禹锡集》, 卞孝萱校订, 北京: 中华书局, 1990年, 第116页。
② [唐] 刘禹锡:《刘禹锡集》, 卞孝萱校订, 北京: 中华书局, 1990年, 第72页。
③ [唐] 刘禹锡:《刘禹锡集》, 卞孝萱校订, 北京: 中华书局, 1990年, 第72页。
④ [唐] 刘禹锡:《刘禹锡集》, 卞孝萱校订, 北京: 中华书局, 1990年, 第68页。

"天理"不在于天而是在于人自身。这与西方意义上的战胜自然不同。刘氏所要克制的是人自身的自然欲望，因为它会使人以生存斗争的方式生存。他所倡导的"人理"是以人之本性的方式存在，在刘氏看来，人的本性是与宇宙之道同体的，只是人的肉体干扰了本性，"是非斗方寸，荤血昏精魄"①。源于宇宙造化的圣人之道是引导人性回归的准则，"天生人而不能使情欲有节，君牧人而不能去威势以理。至有乘天工之隙以补其化，释王者之位以迁其人"②。

刘氏根据法规的实行情况划分出了三种社会状态：法大行、法小弛、法大弛，并说明了法与天命观之间的关系。从中可以看到，无论法的实行情况如何，天都在社会中充当着某种角色：在政治清明之时，天作为"报本""授时"的象征而受到祭祀，这里的天是孕育万物的自然之天；在政治混乱之时，社会中不符合人道的部分就被冠以了天命，这里的天命充当的是有违人道的另一种秩序；在政治完全瘫痪之时，天命取代了人道，人

① ［唐］刘禹锡：《刘禹锡集》，卞孝萱校订，北京：中华书局，1990年，第295页。
② ［唐］刘禹锡：《刘禹锡集》，卞孝萱校订，北京：中华书局，1990年，第56页。

在社会上的生存完全听天由命，这里的天命代表的是没有法而仅靠君治的状态。

总之，刘禹锡"天人交相胜"的生态观说明，一方面他认识到了外在自然和社会环境对人类生存状态的影响，另一方面他也认识到了人的特殊性，肯定了人具有利用自然界万物并创建社会秩序的能力。从自然层面讲，人既意识到了人能动性的一面，也意识到天的孕育所起的关键作用；从社会层面说，人虽能建立秩序，但也会因自身的局限性而不可避免地破坏这种秩序。总之，无论在自然层面还是社会层面，人都不能摆脱自然的限制。从这个意义上说，儒家提出的"人为贵"，其实是要人摆脱自身生理欲望的约束，以"治万物"的身份参与天的孕育进程，在此人始终没有高于天。

综上所述，柳宗元虽然在前期作品中大谈天人感应，但后期又对天人感应做了深刻的批判，指出天人感应仅用于教化百姓。在对天做了自然还原的基础上，柳氏提出了"天人不相预"生态观，突出了对自然规律的认识和利用。刘禹锡与柳宗元一样将天人感应作为政治教化的工具，对于柳宗元仅以去除天的意志而提出的"天人不相预"的观点，刘禹锡做了进一步发挥。

他突出天人各自的能动性，并提出"天与人交相胜"的观点。他强调"法"和"人理"的重要性并将它们作为人胜天的依据，这显示出刘氏生态观具有重实用的特点。

第三节　韩愈的"畏天命"的生态观

中唐时期的韩愈、柳宗元、刘禹锡因其对儒家天人观的侧重有所不同，其生态观也就有所差别。相比较而言，韩愈的天人观天命色彩更浓，这其中既有对时命的无奈，又有对天命信念的坚守。这些在柳、刘那里都有自然化的解释。从这方面说，韩愈的生态观注重的是内在道德修养，是出于对天命的敬畏。柳、刘则更注重秩序规范，用秩序来规范人类的行为。

尽管韩、柳、刘都推崇儒家之道，但他们对天的侧重却有明显的不同。这与他们对待其他学派或教派的态度有关。韩愈公开排斥佛教和道教，并构建一个由尧、舜、禹到汤、文、武、周公再到孔子、孟子圣圣相传的儒家道统，其对天的认识所依据的就是道统中先圣们的观点。他保留了浓厚的天命观念，而对自然之天不大关注。柳宗元和刘禹锡则对儒家之外的思想多有吸收，其中柳宗元明确提出其对天的认识与庄子的自然之说一致，他以气释天，突出了天的运动是自为的；刘禹锡表明其学习过"九流""百氏"的思想学说，他也认为天是由气构成的，但他所强调的是有形之天的功能作用。尽管柳、刘论证了天的自然属性，但他们也没有完全抛弃天命观，而是在一定程度上承认它具有教化意义。由此可以看出，韩、柳、刘虽然对天命的认可度不同，但他们都保留了天命观的传统，即在宗教之天的层面他们具有相对的一致性，在此，天作为自然力的象征是世间万物的创造者；它的变化对万物而言有赏有罚，它是万物福祸的主宰者；上天赏罚的标准就是是否有德，人与天是通过道德而相互感应的，它是外在于人的道德载体。在自然之天的层面，虽然他们都承认天是自然物，但侧重点又有不同。韩愈并没有专门探究天的自然属性，只是从外在现象指出天是日月星辰的载体，其运行有一定的规律；柳宗元用气突出了天之质，用气的运动解释自然现象，并揭示出了天的无限性；刘禹锡也是用气解天，而他所谓的天是有形的而且是可以度量的有限存在物，他所关注的是从天的功能来认识天以便建立起天与人的关系。在此,天是有体、有质、有功能的自然物,天道就是自然规律。

韩、柳、刘的天人观及其生态哲学思想基本一致。他们对各层面的不同侧重,使得他们的生态哲学思想呈现出各自的特点。韩愈虽然也有天人不相关的认识,将天看作日月星辰等自然现象,也有从元气阴阳的角度去阐释对天的看法,但是这些认识仍是韩愈在假借天命的形式下得出的,也就是说,天人感应仍是其认识的前提。在这种情况下,韩愈将自然灾害看作天的惩罚,这使得其生态哲学思想呈现出"畏天命"的特点。他坚守圣人之道,并在天人整体系统下提炼出了圣人"一视而同仁"的处世原则,这使得人的道德规范具有了天道的范围,在"乾坤德泰大"的依据下,韩愈将关怀扩展到了丑恶的自然物。

一、"以德不以形"的道德关怀

儒家自孔子始就将自然物作为认识的对象,孔子指出,通过《诗》可以"多识于鸟兽草木之名"①。孔子采用比德的手法突出了自然物的道德象征意义，如，"岁寒，然后知松柏之后凋也"②，"知者乐水，仁者乐山"③。孟子也是将自然之美与人的道德修养联系在一起。他以牛山之美的丧失说明仁义之心的丧失，指出，如同山在"旦旦而伐之"④的情况下会失去美一样，仁心也需要存养才能保有。孟子还以"种之美"言仁之善，他指出，"五谷者，种之美者也"⑤，但是如果不成熟，其味道还不如稊草，仁心也一样，也需要一个成熟的过程。荀子则将美与善统一为礼，他指出，"礼者，养也"，礼的功能就是使人的欲望得到合理的满足。在此，以"礼"养"欲"的过程，其实也是使需求物之美与人之善相协调的过程。在荀子的描述中，五味养口，清香养鼻，装饰养目，音乐养耳，床室养体⑥，满足生理所需的过程也是一个享受美的过程。汉代董仲舒引用孔子对山水的赞美也以比德的形式对山水进行了赞颂。他在《山

---

① ［宋］朱熹：《四书章句集注》，北京：中华书局，1983年，第178页。
② ［宋］朱熹：《四书章句集注》，北京：中华书局，1983年，第115页。
③ ［宋］朱熹：《四书章句集注》，北京：中华书局，1983年，第90页。
④ ［宋］朱熹：《四书章句集注》，北京：中华书局，1983年，第331页。
⑤ ［宋］朱熹：《四书章句集注》，北京：中华书局，1983年，第336页。
⑥ ［清］王先谦：《荀子集解》，北京：中华书局，1988年，第347页。

川颂》中指出，山如仁者，"功多不言"；水如力士，"不竭"；如智者，"不迷"；如勇者，"不疑"；如知命者，"清净"；如善化者，"清洁"；如武者，"胜火"，还如有德者，"得之而生，失之而死"①。可以说，"比德"是儒家自然审美的一个特点。韩愈继承了儒家"比德"的传统，在他眼中自然之美与人之善相得益彰。

动植物不仅是韩愈的观赏对象、抒情载体，更是高尚品格的象征。韩愈看到"穷冬百草死，幽桂仍芬芳"②，并指出"适时各得所，松柏不必贵"③。即从动植物的自然属性而言，它们并没有贵贱的差别。韩愈认为动植物的高贵依靠的是圣贤，圣贤使它们具有了德的内涵。他指出，麒麟是与圣人相伴的，"麟为圣人出也"，"麟之所以为麟者，以德不以形"④。麒麟并非因其外形而是依靠的圣人之德而尊贵，离开圣人，麒麟也可以被认

① 苏舆撰，钟哲点校：《春秋繁露义证》，北京：中华书局，1992年，第424—425页。
② ［清］方世举撰，郝润华、丁俊丽整理：《韩昌黎诗集编年笺注》，北京：中华书局，2012年，第22页。
③ ［清］方世举撰，郝润华、丁俊丽整理：《韩昌黎诗集编年笺注》，北京：中华书局，2012年，第431页。
④ ［唐］韩愈著，马其昶校注，马茂元整理：《韩昌黎文集校注》，上海：上海古籍出版社，2014年，第47页。

为是不祥的野兽，"若麟之出不待圣人，则谓之不祥也亦宜"①。同样，凤凰也是因为出现在有道之国才被视为吉祥物的，"昔周有盛德，此鸟鸣高冈。和声随祥风，窅窕相飘扬"②。再如，"扬扬其香"的兰草是君子的象征，"君子之伤，君子之守"③，象征君子在危难之中也要保持高洁的品格。《小雅》之中对鸣鹿的赞美："小雅咏鸣鹿，食苹贵呦呦"④，意在赞扬君子之间相惜互助的关系。

韩愈以"以德不以形"揭示了儒家将某些动植物与人的品格相比附意在扬善抑恶的实质。作为道德主体的人，其对动植物善恶价值的评判，只是为了宣扬一种价值观。而道德主体对动植物的实际态度则显示了其自身修养的水平。韩愈认为在圣人那里他们是以"一视而同仁"的平等眼光对待天地万物的。韩氏曾立足于人类发展史描述了人类走出荒野时

① ［唐］韩愈著，马其昶校注，马茂元整理：《韩昌黎文集校注》，上海：上海古籍出版社，2014年，第47页。
② ［清］方世举撰，郝润华、丁俊丽整理：《韩昌黎诗集编年笺注》，北京：中华书局，2012年，第6页。
③ ［清］方世举撰，郝润华、丁俊丽整理：《韩昌黎诗集编年笺注》，北京：中华书局，2012年，第604页。
④ ［清］方世举撰，郝润华、丁俊丽整理：《韩昌黎诗集编年笺注》，北京：中华书局，2012年，第161页。

的艰辛，其中就有人类与野兽的斗争。在杀戮不可避免的情况下，儒家所推崇的先王则以驱赶代替了杀戮。韩氏指出先王"列山泽，罔绳擉刃，以除虫蛇恶物为民害者，驱而出之四海之外"①。为了人类的生存，先王对猛兽毒虫进行了驱赶。另外，周公为了使人类免受虾蟆的干扰而"洒灰垂典教"②。在韩氏看来，圣贤的这些做法实际上就形成了一个对待禽兽的原则："来则捍御，去则不追"③。在此，韩愈说明了生存在荒野状态的先王对随时可能危及人性命的野兽毒虫的宽容态度，他们采取驱赶为主的措施，其中虽难免杀戮，那也是出于使民免遭其害的缘故。这也成为韩愈对待动植物的准则。他不仅赞美美善的动植物，对于可能危害人类生存的动物，他也表达了怜悯之情。

韩愈驱赶鳄鱼的事迹充分展现了他对凶恶动物的怜悯之情。在驱赶鳄鱼之前，他首先说明了其中的理由，鳄鱼"不安溪潭，

---

① ［清］方世举撰，郝润华、丁俊丽整理：《韩昌黎诗集编年笺注》，北京：中华书局，2012年，第640页。
② ［清］方世举撰，郝润华、丁俊丽整理：《韩昌黎诗集编年笺注》，北京：中华书局，2012年，第596页。
③ ［唐］韩愈著，马其昶校注，马茂元整理：《韩昌黎文集校注》，上海：上海古籍出版社，2014年，第714页。

据处食民畜、熊、豕、鹿、獐，以肥其身"，危及了当地人的生存，这是他所不能放任的。韩愈又效法先王"殷汤闵禽兽，解网祝蛛蝥"①，所以他希望通过和平的方式化解矛盾。于是他通过祭祀活动去劝说鳄鱼，希望它们能自愿迁徙，承诺放宽时日。韩愈这一系列的活动，现在看来似乎滑稽可笑，但是在当时万物有灵的信仰下，他的行为确实既能消除当地人的畏惧感又能起到教化的作用。

在日常生活中，韩愈也常对那些凶恶的动物怀着怜悯之情。他开笼放走了用于烹饪的蛇，并以"卖尔非我罪，不屠岂非情"②来消除蛇的郁愤。对于平日里"夺攘不愧耻，饱满盘天嬉"的恶鸟，他虽认为"计校生平事，杀却理亦宜"，但对于落难之鸟，他"不忍乘其危"③，故将其放生。对于夜间闯入室内的训狐，虽然它发出令人畏惧的怪声，做出各种让人害怕的动作，但是韩愈念及"乾坤德泰大"，故放纵它到天亮，希望它能

① ［清］方世举撰，郝润华、丁俊丽整理：《韩昌黎诗集编年笺注》，北京：中华书局，2012年，第161页。
② ［清］方世举撰，郝润华、丁俊丽整理：《韩昌黎诗集编年笺注》，北京：中华书局，2012年，第594页。
③ ［清］方世举撰，郝润华、丁俊丽整理：《韩昌黎诗集编年笺注》，北京：中华书局，2012年，第599页。

恢复平静。最终面对更加肆无忌惮的训狐，韩愈说明了"咨余往射岂得已"①，即出于无奈将其射死。

二、"不平则鸣"的情感抒发

借景抒情在《诗经》中就已出现，而先秦儒家突出了"比德"取向。汉代董仲舒又增加了人与自然之间的情感交流，学界将之称为"比情"。董氏指出，"死之者，谓百物枯落也，丧之者，谓阴气悲哀也"②。他以四时的变化对应人的喜怒哀乐。可以说，以自然之美与人之德相比附是先秦儒家的特点，汉代儒家则又突出了将自然的变化与人之情绪相关联。董仲舒的"比情"与先秦的"比德"虽都以天人合一为哲学基础，但是先秦的合一是一种外在的比附关系，是一种经验性的认识，而汉代的合一则是一种内在的感应关系，它以抽

① ［清］方世举撰，郝润华、丁俊丽整理：《韩昌黎诗集编年笺注》，北京：中华书局，2012年，第127页。
② 苏舆撰，钟哲点校：《春秋繁露义证》，北京：中华书局，1992年，第341页。

象的气论为认识基础。

　　根据日本学者的研究，作为构成人体或自然基础的"气"，在先秦儒家典籍《论语》《孟子》中就已出现。日本学者认为，"这一方面从内容的广泛性、在思想史的立场上来看，以周王朝天命思想为中心，对自然的一个个精灵信仰的被动性思想，这时已经升华到了以人为中心，对形成万物的生命力的自觉"[1]。孟子的浩然之气虽强调的是道德含义，但它充塞于天地，连接了人和自然的价值关系。荀子的阴阳之气虽否定了以社会治乱解释自然变化的看法，但他仍承认自然与人之间的连续性。他将人的认识置于"水火"—"草木"—"禽兽"—"人"[2]这一连续链条中。汉代的气论开始体系化，气的自然和道德的属性通过神秘化的方式合在一起，气生万物的宇宙生成论成为主流。气不仅是万物之间的沟通中介，也是人与宇宙整体相互感应的介质。与先儒不同的是，董仲舒增加了气的情感

---

① ［日］小野泽精一、福永光司、山井涌：《气的思想：中国自然观与人的观念的发展》，李庆译，上海：上海人民出版社，2014年，第53页。
② ［清］王先谦：《荀子集解》，北京：中华书局，1988年，第164页。

色彩，"天亦有喜怒之气，哀乐之心"①。可见，儒家之气无论是内在于人的道德情感之气，还是形成万物的自然之气，都是贯通天人的。汉代儒家则将道德之气与自然之气融入一个整体系统。在生态哲学维度下，气贯通了自然生命和人体生命之间的交流。

韩愈继承了汉代的气一元论，在教化层面他保留了天人感应的神秘性；在政治实践层面他突出了人的能动性，将天神还原为自然之气；在理论诠释层面他又将自然之气看作影响人的道德水平的先天条件。在生态哲学维度下，这些层面分别体现了其对自然的神秘性、规律性、道德象征性的认识。而对于人与自然之间的情感交流，韩愈除延续了董仲舒天人感应式的说教之外，还突出了人作为审美主体对自然物抒发的情感。与先秦的道德审美相比，他增加了情感抒发，与汉代的情感审美相比，他突出了审美主体的感受。

在韩愈的诗文中，动植物与季节及情感是紧密相连的。韩愈的生活富有自然色彩，他会在与友人一起垂钓的活动中感悟

---

① 苏舆撰，钟哲点校：《春秋繁露义证》，北京：中华书局，1992年，第341页。

人生，"君欲钓鱼须远去，大鱼岂肯居沮洳"①。他会在赏月的同时以歌抒情，"君歌声酸辞且苦"，"我歌今与君殊科"②。空中飞过的鸣雁，也会让他产生"凌风一举"的豪情壮志。韩愈曾表明自己少年时代就喜欢畅游，"少年著游燕，对花岂省曾辞杯"③。虽然在贬地他失去了当年的兴致，但他还是关注到了当地的自然景色，并指出它们有地方特色，"所见草木多异同"。他描写了红白相间的杏花，并感叹"若在京国情何穷"④。他还观赏了雪白的李花，大片的花林像大海的波涛，"白花倒烛天夜明"⑤（将黑夜映照得如白昼一般）。与文人多悲秋不同，韩愈认为"春气漫诞最可悲"，因为"蜂喧鸟咽留不得，红萼万片从风吹"

---

① ［清］方世举撰，郝润华、丁俊丽整理：《韩昌黎诗集编年笺注》，北京：中华书局，2012年，第73页。
② ［清］方世举撰，郝润华、丁俊丽整理：《韩昌黎诗集编年笺注》，北京：中华书局，2012年，第137页。
③ ［清］方世举撰，郝润华、丁俊丽整理：《韩昌黎诗集编年笺注》，北京：中华书局，2012年，第183页。
④ ［清］方世举撰，郝润华、丁俊丽整理：《韩昌黎诗集编年笺注》，北京：中华书局，2012年，第182页。
⑤ ［清］方世举撰，郝润华、丁俊丽整理：《韩昌黎诗集编年笺注》，北京：中华书局，2012年，第183页。

"岂如秋霜虽惨冽，摧落老物谁惜之"①。春天短暂而且花在盛时凋落，让人惋惜；秋天虽然充满肃杀之气，但其摧落的都是没有生命力的衰老物。

韩愈也重视人与自然之间的情感交流，但是与董仲舒将自然之天情绪化不同，他将人与自然的情感交流建立在对自然界变化的感悟中。他以"不平则鸣"说明了自然界的变化，"草木之无声，风挠之鸣。水之无声，风荡之鸣。其跃也，或激之；其趋也，或梗之；其沸也，或炙之。金石之无声，或击之鸣"②。他并没有采用汉代神秘的天人感应去赋予万物以精神意志，而是以自然之力去解释自然的变化，"维天之于时也亦然，择其善鸣者而假之鸣。是故以鸟鸣春，以雷鸣夏，以虫鸣秋，以风鸣冬。四时之相推敓，其必有不得其平者乎？"③ 在此，韩愈对自然之力的认识是基于对人类情感变化的体验。

———————

① ［清］方世举撰，郝润华、丁俊丽整理：《韩昌黎诗集编年笺注》，北京：中华书局，2012年，第188页。
② ［唐］韩愈著，马其昶校注，马茂元整理：《韩昌黎文集校注》，上海：上海古籍出版社，2014年，第260页。
③ ［唐］韩愈著，马其昶校注，马茂元整理：《韩昌黎文集校注》，上海：上海古籍出版社，2014年，第260页。

韩愈还以张旭的草书为例说明了人类情感与自然万物之间的联系。他认为，张旭将个人的情感与天地万物的变化融为一体，所以才使得其书"变动犹鬼神，不可端倪"。韩愈指出，张旭不仅将自己内心起伏的情感注入书法中，"有动于心，必于草书焉发之"，而且也将世间万物的变化寓于书，"天地事物之变，可喜可愕，一寓于书"①。韩愈认为佛教否定人的情感的作用，"一生死，解外胶，是其为心，必泊然无所起；其于世，必淡然无所嗜"②，这种消极颓废的人生观，也会影响书法的境界，"泊与淡相遭，颓堕委靡，溃败不可收拾，则其于书得无象之然乎？"③

总之，韩愈肯定人类情感的积极意义，将自然界的变化与人类情感的波动相联系，认为人的情感可以借自然物抒发，自然物的变化也能引起人内心情感的波动。在他看来，是"变化"沟通天人，而不是佛家"淡泊"之静。

① ［唐］韩愈著，马其昶校注，马茂元整理：《韩昌黎文集校注》，上海：上海古籍出版社，2014年，第303页。
② ［唐］韩愈著，马其昶校注，马茂元整理：《韩昌黎文集校注》，上海：上海古籍出版社，2014年，第303页。
③ ［唐］韩愈著，马其昶校注，马茂元整理：《韩昌黎文集校注》，上海：上海古籍出版社，2014年，第304页。

韩愈肯定山水游乐对身心的释放，在郊外可以登高望远、沐浴清泉、采集野味、随遇而安，"与其有乐于身，孰若无忧于其心"①。他所在的贬地自然山水优美，确实是修养身心的好地方，在"山水""松桂林""清泉""青竹""白云"的美景中韩愈可以悠闲地读书、作诗赋、饮酒、垂钓。虽然在野外可以"赖其饱山水，得以娱瞻听"②，但是对于韩愈而言，沉寂于山水荒野之中只会增加他的愧疚感，"谪谴甘自守，滞留愧难任"③。实际上，他并不能融入荒野之中，荒野的美是与"愁""怪""幽"等让人畏惧的色调相伴的，"愁狖酸骨死，怪花醉魂馨"④。以儒家济世之道为准则，韩愈指出自己作为心忧天下的人不能安于山水，"山林者，士之所独善自养不忧天下者之所能安也；如有忧天下之心，则不能矣"⑤。

---

① ［唐］韩愈著，马其昶校注，马茂元整理：《韩昌黎文集校注》，上海：上海古籍出版社，2014年，第273页。
② ［清］方世举撰，郝润华、丁俊丽整理：《韩昌黎诗集编年笺注》，北京：中华书局，2012年，第220页。
③ ［清］方世举撰，郝润华、丁俊丽整理：《韩昌黎诗集编年笺注》，北京：中华书局，2012年，第96页。
④ ［清］方世举撰，郝润华、丁俊丽整理：《韩昌黎诗集编年笺注》，北京：中华书局，2012年，第220页。
⑤ ［唐］韩愈著，马其昶校注，马茂元整理：《韩昌黎文集校注》，上海：上海古籍出版社，2014年，第182页。

　　总之，尽管韩愈处在儒、道、佛相融合的时代，但他的自然观明显以儒家为主。他处在游乐盛行的时代，他喜爱游乐并在游乐中抒发情怀，但他处在中兴时代，他志在兼济天下。他不避讳对丑恶自然物的排斥，他甚至以生活在荒野而羞愧，这与佛、道随遇而安，甚至特意涉荒的取向形成了鲜明的对比。尽管如此，在实践方面他又与佛道有共通之处，他以造物者的视角承认万物生存的权力，即使是凶恶之物，也是天地之德的产物。他虽不禁止杀生，但是以礼为约束避免滥杀，所以，除生活所需之外，即使是凶恶的动物他也给予怜悯。

　　从生态的维度看，韩愈的现实生活反映了其赏自然之美、赞自然之德、悯自然之害的自然观。对于人而言，自然物不仅有美善的，也有丑恶的，但只要它们没有危及人类的生存，人类就应该怜悯它们。自然不仅是人类的生存之所，也是精神家园，人类的生存依赖于自然，人类的精神寄托于自然。

　　总之，柳宗元以自然气论为基础，提出"天人不相预"，突出了其对自然规律的认识和利用；刘禹锡的"天人交相胜"突出了天人各自的能动性；韩愈以天人感应为基础，提出"元气阴阳坏而人生"，其生态哲学思想呈现"畏天命"的特点。所谓的"畏天命"，就是对儒家价值观的坚守。他以"乾坤德泰大"为依据，以"一视而同仁"为原则，以"博爱"为内容发展了儒家的仁。在将儒家的仁爱价值观应用到社会实践中时，韩愈借助的是民间广泛接受的天人感应模式，这使得其"畏天命"的价值内核被裹上了一种神秘的力量。可见，尽管韩、柳、刘都推崇儒家圣人之道，但他们的侧重点却不同，这也决定了在社会实践中他们会有不同主张。在探究自然灾害的原因方面，韩愈倾向于将自然灾害归因于人类行为，而柳宗元则强调自然原因，刘禹锡赞成柳宗元的看法，但他同时强调不能忽视人与自然之间的相互作用。尽管他们之间存在一定的分歧，但是他们都突出了对人的能动性的重视，在他们所提出的应对措施中可以看到，形式上的祭祀活动、政策上的减赋法令是他们共同认可的，而除此之外，韩愈强调道德和责任，柳宗元重视适时生产，刘禹锡则突出了知识和法制的重要性。总之，韩、柳、刘的生态哲学思想是多层面的，他们不仅从各个方面提出了应对自然灾害的措施，也宣扬了儒家爱护动植物的优良传统，更为重要的是，他们在自然审美中流露的真情实感以及他们仁爱动植物（尤其是对凶恶之物的怜悯）的实际行动，对于当今人类而言仍有值得学习的地方。

第五章

韩愈生态观的历史地位以及现实意义

　　中唐韩愈的生态观在儒家生态哲学史中处于由生成论向本体论转化的过渡阶段。韩愈是这一转型期的代表人物之一。他的生态观代表了儒家生态观的一个发展路向。与着力于批判天人感应的其他儒家不同，韩愈致力于凸显儒家的人道观，其中他并不避讳用天人感应式的说教来倡导重德爱生。其从人自身的德性入手，从德性的境界反思人与自然万物关系的思维方式，对于当代人重新思考人与自然的关系具有一定的启迪意义。

第一节　韩愈生态观的历史地位

在儒家生态哲学史中，先秦是儒家生态观的奠基期，汉代构建了庞大的宇宙体系，宋明则是本体论的完成期。这三个时期是儒家生态哲学史上的关键点，它们各自有着鲜明的特色。相比较而言，处于汉宋之间的唐代儒家生态观并没有受到重视。其实，唐代是一个相对开放的时代，各种思想碰撞下形成的儒家生态观凸显的是儒家区别于其他各家的特色。在韩愈那里，他的生态观所体现的"畏天命"的特点实质就是儒家式的崇德重生思想的反映。另外，仅就儒家生态哲学的发展史而言，处于转型期的唐代儒家生态观充斥着破旧与立新之间的碰撞，其中不免相矛盾之处，但内容是丰富而多层面的。韩愈作为唐代儒家代表之一，其生态观是这一时期儒家生态观的一种呈现。

在儒、道、佛三家鼎立的局面下，唐代儒家以"天人合一"为基础诠释了儒家的生态观。儒家的"天人合一"与道家的"道法自然"和佛家的"缘起论"在将世界万物看作一个彼此联系的整体、肯定人与自然之间联系的方面是一致的。其中的不同在于，儒家和道家的整体论是通过宇宙生成论建立的，它们着眼于现象界的万物；佛家的整体论则是通过探求现象界的本体而得出的。从这个意义上说，佛教的平等是一种摆脱现象的绝对平等；道家和儒家的平等则停留在源头处。道家追求的复归于道、儒家追求的天人合一都是对初始状态的向往。在人与万物的联系方面，三家都涉及两个层面：一是价值层面的人性道德；二是现象层面的人事福祸。先秦儒家突出的是人性道德层面，汉儒则以天人感应解释人事福祸；先秦道家关注的是人性道德，而汉代兴起的道教更突出人事福祸；佛家自汉代传入，一直以因果报应论解释人事福祸，唐代兴起的禅宗以直指人心、见性成佛突出了对人性道德的关注。在人事规范方面，儒家倡导"有为"，以"仁义"为准则、以"礼"为规范，万物作为仁爱的对象通过"礼"而得到保护；相对而言，道家和佛家都倡导"无为"。道家以"自然"为准则引导世人回归不需仁义道德规范而与自然万物和谐相处的状态；佛家以"慈悲"为准则要求世人不杀生、放生、护生。可以说，尽管儒、道、佛三家都倡导爱护万物，但由于他们的哲学基础不同，他们指导实践的模式也有别，儒家通过赞"人"即提升人的修养来保护自然，道家则通过赞"自然"以人不作为的形式保护自然，佛家通过识"空"即以专注精神修养、淡薄物质追求而起到保护自然的作用。

韩愈对自然万物的关爱是以"乾坤德泰大"为依据的，他将圣人对待万物的原则总结为"一视而同仁"，并以"博爱"诠释仁。在此，韩愈是以提升人的道德境界来达到关爱万物的目的的，这就与道家的道法自然和佛家的众生平等这种从自然入手的路径不同。儒家之所以倾向于肯定人化自然，则是基于他们对人类生存史的认识。《尚书》记载了古代君王治国的经验，其主题是为民众创造在自然界中生存的条件。人类正是在改造荒野的过程中建立起了自身的生存场所。《周易》中的八经卦也是从自然界中抽象出来的符号，它的一个取向就是在把握自然规律的基础上求"利"。中唐韩愈将圣人之道总结为"相生养"之道。他指出人类之初的生存情况非常艰难，人类在圣人的引领下走出了生存困境，经过改造的自然对于人类不再是威胁而是生存的家园。正是立足于儒家重视人道的传统，唐代儒家在对待自然方面是以仁德为依据的，这不同于完全取消人与自然之间的区别的佛家和道家。

从儒家生态发展史的维度看，韩愈所代表的唐代儒家生态观也是从汉代以天人感应为基础的生态哲学向宋明天人一体生态哲学过渡的关键一环。不可否认，在生态哲学维度下，汉代的天人感应具有重要的意义，它真正建立了天人系统，在将人类的活动与自然的整体系统相关联的同时贯通了自然和社会之间的联系。然而，这种夹杂有鬼神信仰的系统学说，并没有建立良性的人与自然的关系。它以自然灾异论人事得失虽有一定的警示作用，但是这种附会关系既会导致自然神秘化而沦为政治工具，又会致使人寄托于向鬼神祈祷而阻碍人的能动性的发挥；而且这也偏离了先秦儒家天人观的基本精神。唐代儒家是在综合了先秦和两汉儒家观点的基础上得出的对天和人的认识，与先秦相比，他们的天和人都带有宇宙论和气论的特征，与两汉相比，他们的认识又带有自然化的特征。然而他们对天人的认识与天人的政治作用是共存的，因此可以看到，在天人关系层面，他们一方面继承了汉代儒家的天人感应说，并将其应用到政治生活中，以祭祀活动表达对自然神的敬畏；另一方面他们又在对天人感应进行批判的基础上，说明了自然与人事的分离，突出了认识、利用自然规律的重要性，并以顺"天时"作为人类行为的规范之一；在重申圣人之道的过程中，他们又立足人类实践史，重新说明了人与自然相互作用的关系，肯定了自然是人类道德产生的条件，自然也是人类理想社会不可缺少的因素。韩愈在天、地、人框架下提炼出的圣人对待万物"一视而同仁，笃近而举远"的原则已包含仁及万物的意识，而其以博爱释仁再次明确了仁已超过爱人的范围。可以说，韩愈继承并发展了孔孟的仁学，以博爱释仁，以"一视而同仁"为原则，对宋儒继承儒家的仁学传统，进一步将仁提升到宇宙"生生"之仁，具有引导意义。

第二节　韩愈生态观的现实意义

生态危机最初是以绿色锐减、物种灭绝、水土流失、环境污染等标签而广为人知的。在探究危机根源的过程中，有学者看到了"人口"的压力，有学者意识到了"发展"背后的代价，有学者重新审视了"科学"带来的进步，有学者揭示出"思维方式"才是问题的关键，有学者将矛头指向了"西方机械论"，有学者甚至追根至"基督教"。至此，对生态问题的讨论已由表面的环境问题，深入到人类的生活方式、思维方式和宗教信仰层面。

可以说，随着对生态问题研究的不断深入，人与自然的关系已不仅限于外在的生存层面，还涉及内在的价值层面。在这个意义上，中国传统哲学所讨论的天人关系与之相契合。诚如有学者指出的那样，"儒家哲学在本质上是生态的。 它从未把人和自然分割开来，它的'天命之谓性'、'天人合一'、天道即人道的基本认识奠定了服从自然秩序的存在模式"①。而且，中国传统哲学自身的特性，也能提供一种有别于西方的思考路径。 有学者指出，与西方的认识理性不同，中国哲学突出的是情感理性，而其所谓的"情感"是指"人类共同的、具有道德意义的情感"②。 可以说，中国传统哲学在思考人与自然的关系方面既有丰富的智慧也有自身的特色。

然而，不可忽略的事实之一是，出现在工业革命之后的生态危机与之前的环境问题已不可同日而语。 因此，面对当前的危机，中国传统哲学中的生态智慧不仅需要挖掘，更有待发展。有学者指出，产生于农耕社会背景下的生态智慧，不同于对生态问题进行了深刻反思的理性认识，只有将中国传统的生态智慧作为重要思想资源才是符合实际的③。 有学者称赞了中国古代

---

① 乔清举：《儒家生态思想通论》，北京：北京大学出版社，2013年，第7页。
② 蒙培元：《人与自然——中国哲学生态观》，北京：人民出版社，2004年，第13页。
③ 雷毅：《深层生态学：阐释与整合》，上海：上海交通大学出版社，2012年，第144页。

伦理对动物的同情，同时也指出了它的不足，认为其对动物的关怀只是定格在了"古代流传下来的爱动物的思想上"，而没有得到进一步的发展①。可见，中国传统哲学虽能提供一种具有东方特色的生态智慧，但对于当今生态问题而言，它更像一剂需要重新调制的中药，既要保持其在养中求治的优势，也要克服其针对性差和疗效慢的不足。

另一个事实是，中国没有免于生态危机。有环境史学家发现，中国人的自然观呈现出矛盾性：一方面，中国人提倡"法自然"，认为自然本身就是"超然之力"的一部分；而另一方面，中国人又有极大程度地改造、利用自然②。有学者指出，"儒家相信人定胜天的思想占据主导地位。中国古代的环境思想家和官员尽管为保护环境做出了努力，但在战争、经济发展和人口增长面前，环境显得那么微不足道"③。可见，虽然中国传统哲学蕴含丰富的生态智慧，但是与当时的社会现实并不完全一致，

---

① ［法］阿尔贝特·史怀泽著，［德］汉斯·瓦尔特·贝尔编：《敬畏生命》，上海：上海社会科学院出版社，1996年，第75页。
② ［英］伊懋可：《大象的退却：一部中国环境史》，梅雪芹、毛利霞、王玉山译，南京：江苏人民出版社，2014年，第336页。
③ ［美］易明：《一江黑水：中国未来的环境挑战》，姜智芹译，南京：江苏人民出版社，2010年，第32页。

甚至，儒家思想中的某些主张带有破坏自然的倾向。这意味着，在挖掘中国传统哲学中的生态智慧的同时，一方面，不可忽视文献对社会现状的描写，思想家的主张代表的是理想，而社会阶层的实践活动则是对当时现实的写照；另一方面，不可避讳其中的不足，既要在历史中给予还原，也要针对当前现实做出取舍。

总之，尽管与西方社会在各层面展开的生态运动相比，中国传统哲学所能发挥的作用并不明显，但是，作为不同于西方的一种思想资源，它能带来另一种思维模式。作为古代文献，它既能展现当时的现实，也能传达出思想家的理想追求。虽然这些并不能直接转换为有效的社会决策，甚至也有可能还夹杂了一些危害环境的因素，但作为一种对比，是会给思考相关问题的当今人带来一定启示的。

中唐时期的韩愈、柳宗元、刘禹锡是继先秦两汉之后又提出天人关系话题的儒家代表。在"天人之辨"中，他们对待自然问题侧重各有不同。如同现代学者在探究环境变化的原因时，既有侧重自然自身原因的，也有侧重人类干扰的一样，在探究自然灾害的原因方面，韩愈、柳宗元和刘禹锡各有不同倾向。

尽管他们之间存在分歧，但在解决途径上他们都突出了对人的能动性的重视，其中涉及宗教、道德、知识、经济、法律多个层面，即使在现代也有不少可取之处。可以说，虽然他们的天人观并非针对自然问题而发，但自然问题已包含其中，或者说，他们的天人观不仅仅涉及人与自然的表面关系，还触及了更深层的内在关联。在价值层面，韩愈所谓的"一视而同仁"、柳宗元的"辅时及物"、刘禹锡的"天与人交相胜"，都是将价值建立在天、地、人系统中。此外，在个人生活层面，他们与自然物建立起的情感和道德关系，不仅呈现了自然的美，还彰显了个人的善。他们用诗、情、景勾勒出的生活方式或许能为追求高品质生活的现代人提供一种选择。作为有贬谪经历的人，他们在作品中都涉及了各贬谪地的风土人情，这些文章生动地再现了当时各地的自然、人文原貌。与韩、柳、刘不同，世俗阶层或者困于生存或者只关注生存，所以他们对待自然物总是带有功利性的。即使带有神秘的天人感应色彩的世俗信仰，也往往是与利害相关的。世俗阶层既可以出于利益而敬畏，也可以出于牟利而麻木。而就当今社会而言，敬畏之情仍然需要，但要超越迷信和利害考虑。人的生存需求也要满足，但并非作为人生追求的目标。总之，韩、柳、刘的天人观不仅包含了他们对自然的认识，在他们对世俗天人观的批判中也可以看到中唐世俗阶层对待自然的态度。

在唐代儒家那里，"天"和"人"的含义是极其丰富的，它们包含而不是完全对应当今意义上的"自然"和"人"。或者说，"自然"和"人"的关系在他们那里是多层面的。实际上，当今的生态危机是与"自然"的资源化、"人"的动物化相伴而生的。从这个意义上说，对比古人对自然和人的认识，对于探究当今社会生态危机的实质会有启迪作用。

韩愈看到了人性中的神性，圣人就是这种神性的载体。天神的权威被赋予到圣人的身上，圣人承担起了博爱苍生的使命。圣人的"相生养"之道乃是引导人类实践的规范。自然与人之间的依赖与对立都被包容在了圣人之道中。人类的生存依赖自然，但自然并没有为人类提供现成的家园，圣人不仅引导人类将荒野变成了家园，也教化人类要以仁爱之心对待万物。圣人对待自然万物的态度也是韩愈在日常生活中对待万物的标准。他对自然物的观赏、赞美、怜悯，反映了生存关联以外的人与自然在审美、道德、情感方面的联系，这些都是超功利意义上的关系。 而其中的不足在于韩愈过于强调道德修养的作用，并将其作为根本，但实际上他们的道德实践仍停留在学习圣贤榜样的经验层面，他们对社会的要求仍以官员尽职守德为主要内容。 这种靠自身修养来维持的软约束，其效力是极其有限的。在应对当今生态问题方面，转变人的认识、提升人的修养是必要的，但强制的法律规范也是必不可少的。

结　语

　　韩愈生态观反映了儒家在天地坐标下对人类生存实践之道的探索。在人类早期的生存实践中，天是自然神、秩序和道德的统一体，它被视为影响人类外在和内在秩序的决定性因素。韩氏生态观动态地呈现了人类对自然的认知由崇拜自然力、利用自然法则到仁爱自然生命的变化，相应地，人对自身的认知也经历了由有限性、能动性到道德性的转变。

　　天地是人类生存的立足之地，大自然的力量在天人感应的信仰体系下被诠释为对人类行为进行奖赏或惩罚的天威；大自然的法则在天人相分的实践活动中被视为人类行为应该利用和效法的天道；自然界的生命体在天人合德的道德信仰体系下被规定为人类应该仁爱的对象。三者反映了人对自然的认知不断深入，人对自身的认知也经历了由客变主、由外向内的转向。

这与以人类自身为坐标的人类中心主义不同，也与降低人类价值的自然中心主义不同。

应该看到，在天人感应和天人相分阶段，所反映的是人类对生存的诉求，为此人类既敬畏天又质疑天，所谓的敬畏更多的带有功利性。

在人类掌握了一定自然规律后，人类仍是站在自身的立场在获取更多的生存资源。这无疑是带有人类中心倾向的。但是，天人观的另外一维天人合德，起着纠偏的作用。天人合德采取的是与自然中心主义不同的取向，它不是在努力将人与自然万物拉到同一位置上，虽然儒家也肯定人的生物属性，但是它高扬的是人之为人的神圣性即道德属性，并将其作为遏制其自然欲望的手段。

欲望被视为当今生态危机的原因之一，合理的需求是社会发展的推动力，过度的欲望则会影响人类未来的发展。韩愈生态观在关照世俗社会生存需求的基础上，针对天人和谐的目标，提出了"相生养"之道和一视同仁的原则，这将构建人与自然和谐的社会使命安置在了每个社会成员身上，并以高扬人的神圣性的方式来增强了个体的道德自信。

参考文献

[1] 苏舆.春秋繁露义证.钟哲，点校.北京：中华书局，2002.

[2] [西汉] 孔安国传；[唐] 孔颖达撰.尚书正义，十三经注疏，北京：中华书局，1980.

[3] [魏] 王弼；[晋] 韩康伯注；[唐] 孔颖达撰.周易正义，十三经注疏，中华书局，1980 年版.

[4] 韩愈.韩昌黎全集.北京：中国书店，1991.

[5] 柳宗元.柳宗元集.北京：中华书局，1979.

[6] 刘禹锡.刘禹锡集.卞孝萱，校订.北京：中华书局，1990.

[7] 朱熹.四书章句集注.北京：中华书局，1983.

[8] 方世举.韩昌黎诗集编年笺注.郝润华，丁俊丽，整理，北京：中华书局，2012.

[9] 陈立.白虎通疏证.吴则虞，点校.北京：中华书局，1994.

[10] 马其昶.韩昌黎文集校注.马茂元,整理.上海：上海古籍出版社,2014.

[11] 章士钊.柳文指要.上海：文汇出版社,2000.

[12] 尹占华,韩文奇.柳宗元集校注.北京：中华书局,2013.

[13] 陶敏,陶红雨.刘禹锡全集编年校注.长沙：岳麓书社,2003.

[14] 程俊英.诗经译注.上海：上海古籍出版社,2010.

[15] 李民,王健.尚书译注.上海：上海古籍出版社,2004.

[16] 黄寿祺,张善文.周易译注.北京：中华书局,2016.

[17] 陈鼓应.老子注译及评价.北京：中华书局,1984.

[18] 杨伯峻.论语译注.北京：中华书局,2006.

[19] 杨伯峻.孟子译注.北京：中华书局,2008.

[20] 陈鼓应.庄子今注今译.北京：中华书局,1983.

[21] 王利器.新语校注.北京：中华书局,2012.

[22] 阎振益,钟夏.新书校注.北京：中华书局,2000.

[23] 王先谦.荀子集解.北京：中华书局,2013.

[24] 卞孝萱,张清华,阎琦.韩愈评传.南京：南京大学出版社,1998.

[25] 张清华.韩愈大传.郑州：中州古籍出版社,2003.

[26] 陈克明.韩愈述评.北京：中国社会科学出版社,1985.

[27] 何法周．韩愈新论．郑州：河南大学出版社，1988.

[28] 邓潭州．韩愈研究．长沙：湖南教育出版社，1991.

[29] 吴文治．柳宗元评传．北京：中华书局，1962.

[30] 孙昌武．柳宗元评传．南京：南京大学出版社，1998.

[31] 张勇．柳宗元儒佛道三教观研究．安徽：黄山书社，2010.

[32] 陈弱水．柳宗元与唐代思想变迁．郭英剑，徐承向，译．南京：江苏教育出版社，2010.

[33] 张铁夫．柳宗元新论．长沙：湖南大学出版社，2005.

[34] 卞孝萱，卞敏．刘禹锡评传．南京：南京大学出版社，2011.

[35] 陈弱水．唐代文士与中国思想的转型．桂林：广西师范大学出版社，2009.

[36] 李申．隋唐三教哲学．成都：巴蜀书社，2007.

[37] 李申．中国古代哲学与自然科学（隋唐至清代之部）．北京：中国社会科学出版社，1993.

[38] 李申．道与气的哲学：中国哲学的内容提纯和逻辑进程．北京：中华书局，2012.

[39] 冯禹．"天"与"人"——中国历史上的天人关系．重庆：重庆出版社，1990.

[40] 尚永亮．唐五代逐臣与贬谪文学研究．武汉：武汉大学出版社，2007.

[41] 侯外庐．中国思想通史：第4卷（上）．北京：人民出版社，2011.

[42] 冯友兰．中国哲学史新编：中篇．北京：人民出版社，2001.

[43] 任继愈．中国哲学史：卷三．北京：人民出版社，2003.

[44] 刘文英．中国哲学史．天津：南开大学出版社，2002.

[45] 杨国荣．中国哲学史．北京：中国人民大学出版社，2012.

[46] 冯达文，郭齐勇．新编中国哲学史．北京：人民出版社，2004.

[47] 乔清举．当代中国哲学史学史．上海：上海古籍出版社，2014.

[48] 乔清举．河流的文化生命．郑州：黄河水利出版社，2007.

[49] 乔清举．儒家生态思想通论．北京：北京大学出版社，2013.

[50] 蒙培元．人与自然——中国哲学生态观．北京：人民出版社，2004.

[51] 雷毅．生态伦理学．西安：陕西人民教育出版社，2000.

[52] 雷毅．深层生态学：阐释与整合．上海：上海交通大学出版社，2012.

[53] 孙道进．环境伦理学的哲学困境——一个反拨．北京：中国社会科学出版社，2007.

[54] 曹孟勤.人性与自然：生态伦理哲学基础反思.南京：南京师范大学出版社，2006.

[55] 谷衍奎.汉字源流字典.北京：华夏出版社，2003.

[56] 郁白.悲秋：古诗论情.叶萧，全志刚，译.桂林：广西师范大学出版社，2004.

[57] 小尾郊一.中国文学所表现的自然和自然观.邵毅平，译，上海：上海古籍出版社，1989.

[58] 伊懋可.大象的退却：一部中国环境史.梅雪芹，毛利霞，王玉山，译.南京：江苏人民出版社，2014.

[59] 易明.一江黑水：中国未来的环境挑战.姜智芹，译.南京：江苏人民出版社，2010.

[60] 休斯.世界环境史：人类在地球生命中的角色转变（第2版）.赵长凤，王宁，张爱萍，译，北京：电子工业出版社，2014.

[61] 拉德卡.自然与权力：世界环境史.王国豫，付天海，译.保定：河北大学出版社，2004.

[62] 托马斯.人类与自然世界：1500—1800年间英国观念的变化.宋丽丽，译.南京：译林出版社，2008.

[63] 麦克尼尔.阳光下的新事物：20世纪世界环境史.韩莉，韩晓雯，译.北京：商务印书馆，2012.

[64] 休谟.宗教的自然史.曾晓平,译.北京:商务印书馆,2014.

[65] 温茨.现代环境伦理.宋玉波,朱丹琼,译.上海:上海人民出版社,2007.

[66] 拉伍洛克.盖娅:地球生命的新视野.肖显静,范祥东,译.上海:上海人民出版社,2007.

[67] 卡森.寂静的春天.吕瑞兰,李长生,译.上海:上海译文出版社,2014.

[68] 阿尔贝特·史怀泽.敬畏生命.陈泽环,译.上海:上海社会科学院出版社,1992.

[69] 莫斯科维奇.还自然之魅:对生态运动的思考.庄晨燕,邱寅晨,译.于硕,校,北京:生活·读书·新知三联书店,2005.

[70] 小野泽精一,福永光司,山井涌.气的思想:中国自然观与人的观念的发展.李庆,译.上海:上海人民出版社,2014.

[71] 邓小军.理学本体——人性论的建立——韩愈人性思想研究.孔子研究,1993(2).

[72] 刘真伦.韩愈"性三品"理论的现代诠释.山东师范大学学报(人文社会科学版),2004,49(4).

[73] 赵源一.韩愈的天命论探微.船山学刊,2007(1).

[74] 何俊.论韩愈的道统观及宋儒对他的超越.孔子研究,2000(2).

[75] 许凌云.论韩愈的社会历史观.孔子研究,1997(1).

[76] 杨世文.论韩愈的儒学文化观及其历史意义.孔子研究,2002(6).

[77] 叶赋桂.韩愈之道:社会政治与人生的统一.清华大学学报(哲学社会科学版),1996,11(1).

[78] 任东杰.韩愈哲学思想研究.合肥:安徽大学,2011.

[79] 高会霞.韩愈性论思想研究.兰州学刊,2006(6).

[80] 邓小军.韩愈散文的艺术境界.人文杂志,1994(1).

[81] 温正.韩愈对儒家"道"的诠释与构建.湘潭:湘潭大学,2012.

[82] 朱正西.韩愈的世界观对伦理思想的影响.昆明:云南师范大学,2006.

[83] 李静.韩愈道统论研究.长春:吉林大学,2007.

[84] 徐加胜.韩愈的道统及其宗教性诠释.中国社会科学院研究生院,2012.

[85] 侯步云.韩愈的儒学思想.西安:西北大学,2006.

[86] 王琳.韩愈潮州祭祀鳄的历史语境和文化反思.兰州学刊,2007(2).

[87] 刘玉红．韩愈《祭鳄鱼文》与唐代的神物崇拜．华夏文化，2000（3）．

[88] 康保成．韩愈《送穷文》与驱傩、祀灶风俗．中山大学学报（社会科学版），1993（8）．

[89] 方艳．大儒对美物的流连——浅谈韩愈的咏花诗．安徽师范大学学报（人文社会科学版），2000（1）．

[90] 徐耀庭．论韩愈文章中渗透的儒家道统．山西师范大学学报（自然科学版），2009（S2）．

[91] 刘泽华．论天、道、圣、王四合一——中国政治思维的神话逻辑．南开学报（哲学社会科学版），2013（3）．

[92] 赵俊．中唐的天人关系论．中国社会科学院研究生院学报，1998（2）．

[93] 吕华侨．天人关系新论．船山学刊，2005（4）．

[94] 刘真伦．韩愈、柳宗元、刘禹锡天人关系理论的现代诠释．周口师范学院学报，2005（1）．

[95] 陈华．论天人关系的第三次大论战．吉林师范大学学报，1986（3）．

[96] 杨欣．"天人之辨"的渊源及唐代刘、柳的贡献．广西大学学报，1995（2）．

[97] 温至孝. 论柳宗元的山水游记. 西北师大学报（社会科学版），1982（1）.

[98] 清水茂. 柳宗元的生活体验及其山水记. 华山，译，1957（4）.

[99] 曹章庆. 柳宗元山水审美思想探析. 南昌大学学报（人文社会科学版），2013，44（1）.

[100] 刘鄂培，竺士敏. 中国古代天人观的发展与柳宗元、刘禹锡论自然与人的关系. 中国社会科学院研究生院学报，1999（2）.

[101] 白奚. 儒家的人类中心论及其生态学意义——兼与西方人类中心论比较. 中国哲学史，2004（2）.

[102] 葛荣晋. 儒家"天人合德"观念与现代生态伦理学. 甘肃社会科学，1995（5）.

[103] 葛荣晋. 试评儒家生态哲学思想及其现代价值. 长安大学学报（社会科学版），2002，4（1）.

[104] 何怀宏. 儒家生态伦理思想述略. 中国人民大学学报，2000（2）.

[105] 蒙培元. 从孔、孟的德性说看儒家的生态观. 新视野，2000.

[106] 牟钟鉴. 生态哲学与儒家的天人之学. 甘肃社会科学，1993（3）.

[107] 乔清举.儒家生态文化的思想与实践.孔子研究,2008(6).

[108] 乔清举.论儒家的祭祀文化及其生态意义.现代哲学,2012(4).

[109] 乔清举.论"仁"的生态意义.中国哲学史,2011(3).

[110] 乔清举.天人合一论的生态哲学进路.哲学动态,2011(8).

[111] 乔清举.儒家生态哲学的基本原则与理论维度.哲学动态,2013(6).

[112] 任俊华.论儒家生态伦理思想的现代价值.自然辩证法研究,2006,22(3).

[113] 颜炳罡.儒家思想与当代环境意识.社会科学,1995(10).

[114] 佘正荣.儒家生态伦理观及其现代出路.中州学刊,2001(6).

[115] 汤一介.儒家的"天人合一"观与当今的生态问题//国际儒学研究.2005年国际儒学高峰论坛专集.

[116] 吾淳.春秋末年以前的宗教天命观与自然天道观.中国哲学史,2009(4).